〔美〕卡耐基◎著　陶乐斯◎编译

UNITY PRESS 團结出版社

图书在版编目（CIP）数据

做个有本事任性的女人 /（美）卡耐基著；陶乐斯编译．—
北京：团结出版社，2015．3
ISBN 978-7-5126-3411-4

Ⅰ.①做…　Ⅱ.①卡…　②陶…　Ⅲ.①女性—成功心理—通俗读物　Ⅳ.①B848.4-49

中国版本图书馆 CIP 数据核字（2015）第 008610 号

出　版：团结出版社
（北京市东城区东皇城根南街 84 号　邮编：100006）
电　话：（010）65228880　65244790
网　址：www.tjpress.com
E-mail：65244790@163.com
经　销：全国新华书店
印　刷：三河市兴达印务有限公司

开　本：640×960　1/16
印　张：15.5
字　数：150 千字
版　次：2015 年 3 月　第 1 版
印　次：2015 年 3 月　第 1 次印刷

书　号：ISBN 978-7-5126-3411-4
定　价：32.80 元

用一颗任性的心
把生活过成自己想要的样子

PREFACE

前　言

把生活过成自己想要的样子

想旅行了，说走就走；不想工作了，马上就炒老板的鱿鱼；周末，一个人坐飞机去布拉格，只是喂一下广场的鸽子；电影院包个场，就为安静地看一部电影……是不是这样才叫生活？

任何一个女人都有这样一颗任性的心，希望把生活过成自己想要的样子。

任性并不是恣意妄为，而是有本事按照自己的意愿生活；是有能力推着生活走，而不是被生活推着走。即使命运只赠给她们两扇简单的磨盘，她们也会用信心、智慧和执着，磨出美丽精彩的人生。

有本事任性的女人最淡定，遇到烦恼，嘴角上翘，微微一笑。

有本事任性的女人，敢于追求美好，还能有本事将美好变成永恒。

有本事任性的女人，永远都能进退自如。

……

如何做一个有本事任性的女人？那就是，学会生活，拥有情感，做好事业，做一个内心强大，不会被生活打败的女人。

天才哲学家尼采说："那些打不败我的，只会让我变得更强大。"让人打不败只有两种途径：一种是精神上永远不败给别人；而另一种，则是在自我的不断超越中变得更幸福，更强大。

20世纪伟大的励志大师卡耐基主要针对后一种情况做出了以下解释，也因此改变了成千上万人的生活，让许多平凡的人拥有了自信、勇气和强大的内心。

关于自我，卡耐基说：你的心，可以创造一个天堂般的地狱，也可以创造一个地狱般的天堂。

关于爱情，卡耐基说：没有对爱深刻的体验和刻骨铭心的经历，不可能理解爱。

关于生活，卡耐基说：我们向往着天边有座奇妙的玫瑰园，却从不注意欣赏今天就开放在窗口的玫瑰。

关于梦想与未来，卡耐基说：最重要的是，不要去看远处模糊的影子，而要去做手边清楚的事。

关于成功，卡耐基说：给别人带来阳光的人，不可能把自己排拒在光明之外。

即使你的人生现在一帆风顺，谁也不敢保证下一步不会风云突变，而我们要明白，生活是个吝啬的老太婆，总是不喜欢给任何人全部的欢乐。作为这个时代的女人，我们必须将自己变得强大，拥有正向的思维以及过好日子的能力。能够在不安的日子里有本事淡定地活，在安静的日子里有本事成功地活，才是真正活出了你的了不起。

要让你的奢望配上你的本事，与其羡慕别人的成功，不如把自己修炼成一个有本事的女神！

本书精选卡耐基的思想，结合现实的人生，针对女性的心理和特点，提供了一套非常独特的，融经营、为人处世和实用心理学于一体的系统课程，让你找回信心和勇敢，开发出成功的思维方式，让你离开任何人都可以精彩过一生。

○　○　○

CONTENTS

目　录

第 1 章

好好爱自己：你如何选择，命运就如何发生

选择做一个简单的人，当困难来临时，用微笑去面对，用智慧去解决。然后，坦然接受生活所给予的馈赠，不管是好的，还是坏的。

第 2 章

明白要趁早：生活就是高高兴兴地活

当我偶尔对人生失望，对自己过分关心的时候，我也会沮丧，也会暗自埋怨，可是一想起自己已经拥有的一切，便马上纠正自己的心情，不再埋怨叹息，而是高高兴兴地生活下去。

CONTENTS

第 3 章

女神气场：让爱情和婚姻变成你所希望的样子

我们可以忘记这世间的一切，却不能忘了爱情。爱情很美好，请相信爱情。如果连爱情都不相信，那人生岂不太苦了？

第 4 章
内心强大：你的本事要配得上你的奢望

如果我们想要更多的玫瑰花，就必须种植更多的玫瑰树。不要小看自己所做的每一件事，即便是最普通的事，也应该全力以赴、尽职尽责地去完成。

CONTENTS

第 5 章

练习好命：你要相信，最好的正在来的路上

今天太宝贵，不应该为忧虑和悔恨所消蚀。抬高下巴，使精神焕发出光彩，像春天阳光下水花四溅的山泉那样活泼。我们欢欣，因为我们相信，最好的正在来的路上。

第 6 章

优雅的魅力：请尽情挥霍你的温暖

我们都是孤独的刺猬，只有懂得的人，才能看见彼此内心深处不为人知的优雅，在偌大的世界中，我们会因为这份珍贵的懂得而不再孤独，请永远记住这照耀过心灵的温暖阳光。

CONTENTS

第 7 章

向前一步：人生永远没有太晚的开始

人生永远没有太晚的开始，如果你有梦想，那就从现在开始做吧！成功不是等来的，你的路上，永远需要继续向前再迈一步。

DALE CARNEGIE

L o v e l y R i t a

第 1 章

好好爱自己：你如何选择，命运就如何发生

选择做一个简单的人，
当困难来临时，
用微笑去面对，
用智慧去解决。
然后，
坦然接受生活所给予的馈赠，
不管是好的，还是坏的。

做自己喜欢的事

以自己喜欢的方式，去做自己想做的事情，对未来充满信心，然后竭尽全力实现目标，才是能给你的人生真正带来快乐的事情。

摩西奶奶在纽约州格林尼治村中一个普通农场里长大，她的生活跟同时期所有的女孩子都差不多：27岁时，她嫁给了一名憨厚朴实的年轻人，生了一群叽叽喳喳的孩子，每天做的事情就是照料家庭和农场，业余做点刺绣活儿，这样的日子一直过到她77岁。这一年摩西奶奶得了关节炎，不能继续拿针刺绣了，于是，闲不住的她找来颜料和画板，开始自学画画。

几年后，80岁的摩西奶奶竟然在纽约办了自己的个人画展，这个消息轰动了全美国。人们纷纷赶来参观，并为画中表现的广阔农场、农民的日常生活和孩子们的嬉闹所感动。二十年中，摩西奶奶画了一千多幅作品，她一直画到将近一百岁，并且成为那个时代中最著名的女性艺术家。

有一年，摩西奶奶收到一封来自日本的信。写信的人已经30岁了，他很喜欢写作，但是现在的工作却是一名医生，他不是很喜欢自己的工作，觉得非常苦恼，所以对摩西奶奶说，自己不知道该不该放弃那份很令人羡慕的工作，去从事自己喜欢的写作。

“做你喜欢做的事，上帝会高兴地帮你打开成功之门，哪怕你现在已经80岁了。”这就是摩西奶奶给那名苦恼的年轻人的答复。

选择学什么专业，做什么工作，既事关饭碗问题，也事关心情问题，是影响人一生的大事。如果因为种种原因，你正从事一份自己并不喜欢的工作，是可以理解的。因为先要生存，才有条件去追求更多的东西。但是只要不放弃努力，就有希望做成自己想做的事。

那位收到摩西奶奶回信的年轻人，果然鼓足勇气放弃了目前的职业，开始了职业写作生涯，他就是后来大名鼎鼎的作家渡边淳一。

亲爱的你，或许也从事着一份工作。我想问这样一个问题，你对自己的工作有什么看法？你是否喜欢自己的工作？还有，你会不会奇怪我总在书里谈论一些令人担心的话题？如果你知道，无论是男人还是女人，大部分坏情绪都和工作有关，你就不会觉得奇怪了。这一点，你可以观察周围的人，包括你的父母、邻居和老板。著名学者约翰·米勒宣称，无法适应自己的工作，是“社会最大的损失之一”。的确如此，毕竟你用了最多的时间来工作，不喜欢自己的工作，可能会让你觉得日子难熬。

选择做自己喜欢的工作，和喜欢的人在一起，过自己喜欢的生活，才会真正给女人带来长久的欢乐。**只有喜爱你心中美好的事物，才会赞美并享受它们所带来的美好。**

著名精神病专家威廉·孟宁吉博士曾主持过军队精神病治疗工作。他说：“在军队中，我发现了挑选和布置任务的重要性。

即让适当的人去做适当的事，以及使人相信自己的工作很重要。一个不喜欢自己工作的人，会认为自己被安排在一个错误的职位上，他会感觉到自己怀才不遇，并导致情绪低落。在这种情况下，他即使没有精神病，也会埋下精神病的种子。”如果我们不喜欢自己的工作，只会度日如年，失去人生大部分的激情。

南丁格尔是个贵族小姐，而且家境非常富有，其家族在意大利、英国拥有大量资产。南丁格尔一直过着衣来伸手、饭来张口的优渥生活，穿行在豪华舞会、沙龙和上流社会中。这样的奢华生活是很多少女梦寐以求的，但南丁格尔却为自己的精神空虚而痛苦，她不希望自己的人生只是嫁个高富帅，当个阔太太，她希望做个文学家或者护士。

她说：“我希望找一个工作，不论是做什么，只要对人们有用，我都会全力以赴去做。我特别盼望做服务工作，我发现护士是最好的职业，一旦这种想法在我心中建立，就绝不可能轻易放弃。我希望做一个护士，如果没就业的希望，我也愿意献身于残障儿童的教育工作。”

但南丁格尔生活的时代，很少有女性在社会上工作，而且护士是当时被认为是最脏、最低下的工作。但南丁格尔的愿望却越来越强烈，母亲禁不住她的纠缠，终于让她去参加了护理培训。

不久，克里米亚战争爆发了，战争十分惨烈。而与此同时，伤兵护理问题也尖锐地暴露了出来，英国的伤兵死亡率竟然高达42%。这时候，南丁格尔向英国军务大臣提交了申请，随后率领了一批富有医疗经验的女性抵达前线，在号称“人间地狱”的伤兵医院里，精心护理伤兵，将死亡率下降了几十倍，这个奇迹轰动了全英国。对工作的向往改变了南丁格尔的人生，更改变了整个世界。

以自己喜欢的方式，去做自己想做的事情，对未来充满信心，然后竭尽全力实现目标，才是真正能给你的人生带来快乐的事情。

奉劝年轻的女性们，不要仅仅因为家人的愿望去勉强做某份工作。在深思熟虑之前，也不要贸然从事某个行业。当然，你有必要认真地考虑父母的建议，毕竟他们已经获得了许多经验及经历岁月才能得到的人生智慧。但要坚持一点，那就是，最后的选择必须由自己做出。你心里想做什么，就大胆地去做吧！不要管自己的年龄有多大和现在的生活状况如何，因为，你想做什么和你能否取得成功，与这些没有什么关系。

坚定追求幸福的人，才能拥有所希望的美好

世界上有很多美好值得我们去追求，只有坚定追求幸福的人，才能拥有自己所希望的美好。

世界上有很多美好值得我们去追求，像温暖的家庭、富裕的生活、开心的工作和舒服的环境等。只有坚定追求幸福的人，才能拥有自己所希望的美好。

在多年前的纽约市，有两个住在廉价寄宿公寓里的年轻人。其中一个是我，来自密苏里州的玉米地里，只有一堆无知的梦想；另一个叫惠特尼，来自马萨诸塞州的乡下。惠特尼和许多乡下孩子一样出身贫寒，但他的不同之处在于：坚信自己会成为一家大公司的老板。

在纽约，惠特尼的第一份工作是在一家大型食品连锁店做收银员。为了尽快熟悉业务，他总趁着午餐时间去批发部帮忙。尽管这么做，别人不会感谢他，也得不到额外的收入，但是当一个更好的职位空缺时，老板首先想到让惠特尼负责这项工作。

时间一天天过去了，惠特尼从原来的收银员升为业务员，又渐渐升为部门主管、地区经理。在这个过程当中，失望和挫折是免不了的。工作多年之后，他觉得自己没有了发展前途，因为公

司里总裁的亲戚太多，继续升迁的希望非常渺茫。

很快，他换了另一家公司。在这里他发现，必须有足够的学历和资历才能得到提升，由此他明白凭自己目前的资历很难成为参与决策的高级职员。但他始终牢记着自己的目标："总有一天，我会成为一家大公司的老板。"在破烂的出租屋里，这个来自乡下的小伙子对我这样说过。这并不是做白日梦，而是在为自己树立坚定的信念，明确努力的方向，以此来引导人生中的一切行为。最终，惠特尼实现了梦想，他成为桔子包装公司和蓝月乳酪公司的总裁。

为什么惠特尼能够一步步迈向成功，而许多人却陷入了失败的漩涡呢？

是因为他很努力？当然，他工作的确很努力，但别人也同样勤奋；也许是学历的原因？但惠特尼只在业余时间去读夜校，因此也不是这个问题。根本的原因在于，他十分清楚自己的奋斗方向。他所做的一切事情——义务加班、换工作、学习工作中的新技能都只有一个目的：做个大老板。

渴望成功的人最忌讳漫无目标。那些远离成功的人总是随随便便地找份工作，稀里糊涂地结婚。尽管他们急切地想改变现状，但心里的目标非常模糊。

安·海奥德在纽约市新温斯顿饭店创办了"职业咨询处"，专门为那些对职业不满意的人提供参考意见。我用了好几个下午和咨询处的安小姐探讨失业问题。她说，很多来咨询的人的主要问题是，完全不清楚自己想要什么。因此，她工作的第一步就是帮她们确立目标。

对未来充满信心，然后竭尽全力实现目标，才是人生中最重要的事情。社会对男性的要求迫使男性总是对自己提出要求，而社会对女性的要求，往往只是做一份普通工作，照顾好丈夫和家庭就可以了。因为男人对自己有要求，所以会比女人更容易成功。实际上，女性同样可以做得很成功，只要你找出自己的理想并且全力以赴。

达林·凯根作为美国有限电视新闻网（CNN）的女主持人，在业内拥有十分了不起的地位。在16岁那年，她就明确了自己对工作的要求，那就是，自己以后要从事的工作，每天都要拥有不同的内容，每天都要拥有惊喜。开始，她想做一名医生，但一堂枯燥的化学课打消了她的这个念头；后来，她想做一名主持人，并且这个念头越来越强烈，成为她追逐梦想最强有力的支撑。在当地一家电视台工作了长达5年之后，她终于鼓起勇气，向台里申请做主持人。可是，老板拒绝了她，原因很简单，老板只愿意让那些金发碧眼的漂亮女人做主持，而达林脸部轮廓太硬，气质太冷峭。

“仅仅出于养眼考虑，”老板轻描淡写地说，“我觉得你并不适合做主持人。有些人天生丽质，有些人不是，很显然，你属于后者。”这很伤人心，但达林绝对不允许梦想就这么轻易破碎。她巧妙地避开自己相貌并不漂亮这一点，先做了体育节目《周末体育赛事》的主持人，直觉告诉她，这个节目将极具市场潜力，因为大多数女性尚未开始涉足体育的禁区。她以“无偿服务一年”为条件说服了老板，转而找到一条适合自己的主持人之路。

机会终于来了，美国有线电视新闻网招聘体育主播和记者，达林以丰富的工作经验和执着追求的精神，顺利应聘。在体育部门上兢兢业业地工作了3年后，她终于如愿以偿，成了该电视台新闻部门的主持人，主持了包括海湾战争和总统选举等一系列重量级的新闻节目。

即使在美国，许多女性就业时都遇到过和达林一样的质疑和偏见。可是，达林却没有被一些伤害人的话所打倒，也没有因为一些困难而退却。很多时候，不要让别人定义你的人生。接受风险、选择成长、挑战自我，在应该坚持的时候坚持，在应该晋升的时候面带微笑，主动争取，这些都是追求幸福的重要内容，更是达成梦想的关键。不要让失败挡住你的去路，不要让挫折毁了你对梦想的追求。

哥伦比亚大学著名教授赫伯特·郝基斯曾经说过，烦恼的根源是看不清目标。其实，看不清目标不仅仅是烦恼的原因，也是得到幸福的障碍，同时也是成功的最大天敌。因此，如果想要得到理想中的人生，就应该心如钢铁地去追求：第一步便是找到你生命中的重点，建立一个值得努力的目标，然后全力以赴。

女士们，对你来说，幸福的标准是什么？一个幸福的家庭和理想的丈夫？赚数不清的钱？取得万人瞩目的社会地位？豪华香车？住大房子？有能力分享？或者是一份称心如意的工作？这个问题，正是你需要想清楚的。因为对于不同的人来说，幸福的定义肯定各不相同，找出自己对幸福的理解，才能决定生命中应该实现的目标，并且有机会实现它，得到自己想要的幸福。

你怎样，世界就怎样

你的心，可以创造一个天堂般的地狱，也可以创造一个地狱般的天堂。

生活过得快不快乐，完全取决于一个人对人生和世界的看法，因此可以说，思想决定生活，思想决定个性，思想甚至决定命运。我坚信，人们必须面对的最大问题就是，怎样选择正确的思想。如果你选择对了，任何问题都可以解决。曾经统治古罗马帝国的伟大哲学家马可·奥勒留将其总结成一句可以决定人类命运的话："思想决定一生。"

如果我们整天高高兴兴，心态是快乐的，我们的人生就会快乐；如果我们的心态是悲伤的，我们的人生就会悲伤；如果我们总想象可怕的事情，我们就会满怀恐惧；如果我们产生邪恶的念头，我们就会心神不安；如果我们害怕失败，结果往往就会失败；如果我们整天凄凄惨惨，人们就会像躲避瘟疫一样躲避我们。

"一个人可以非常清贫、困顿、低微，但是不可以没有梦想。只要梦想存在一天，就可以改善自己的处境。"说这句话的人，正是依靠着积极向上的心态和不停追求梦想的精神，从一个问题少女，转变成广受拥戴的"心灵女王"，她就是奥普拉·温弗瑞。

没有形成积极心态之前的奥普拉少年时代不堪回首，她是一个黑人的私生女，小时候穷得只能穿麻袋制成的衣服。比贫困更可怕的是心态消极、自甘堕落，那时候的奥普拉抽烟酗酒，甚至未婚生子，差点被亲生母亲送进少年监狱。然而，在她14岁时，人生轨迹发生了改变。

那一年，对她烦透了的母亲把她“扔”给了她的父亲弗农，弗农不管奥普拉愿不愿意，就给她制定了严格的学习计划和家规，他对这个叛逆的女儿说：“有些人让事情发生，有些人看着事情发生，有些人连发生了什么事情都不知道！你打算做哪一种人？”他鼓励奥普拉要做那个让事情发生的人。父亲对奥普拉的高期望唤醒了她的内心，不久，奥普拉就决定要成为最好的人：**“我要看看自己的生命中会发生什么事情！”**原本昏天黑地的生活，终于从这一刻开始逐渐焕发出光彩。

大学时，奥普拉显露了自己演讲的天分，并成为一家电视台的主播，29岁时，她成为以自己的名字命名的节目的主播，还把它做成了最优秀的脱口秀节目。如今的奥普拉拥有了自己的“传媒帝国”，出杂志、办电视、经营读书俱乐部……所有的这一切正是因为她14岁时对世界看法的改变，如今的她说，“如果你相信自己有朝一日可以当上总统，也许有一天你就能如愿。”

只有一个相信自己的人才能成为生活和事业上的强者。这不是心理暗示，也并不是宣扬要以天真的乐天态度去对待所有的困难。不！生命绝不会如此简单。我提倡的是大家要以积极的态度，而不是用消极的态度去面对生活。换句话说，我们要关注问题本身，而不能整天为问题发愁。

一个人可以一边面临着重大困境，一边在衣襟上插上花，潇洒地走在大街上。罗威尔·托马斯就这样做过。那一次，我正协助他拍摄一部第一次世界大战中英国艾伦比元帅和情报官劳伦斯的纪录片。纪录片中罗威尔·托马斯那著名的演讲——《巴勒斯坦的艾伦比和阿拉伯的劳伦斯》在伦敦以及全世界都引起了轰动。伦敦的歌剧节还特意延迟了六周，以便能让他在卡文花园皇家歌剧院讲述这些惊心动魄的故事并展示影片。在伦敦获得了巨大的成功后，罗威尔·托马斯又四处旅行，到了许多国家。他还用了两年半的时间去拍摄一部印度和阿富汗生活的纪录片。然而这时，难以置信的厄运降临到了他的头上——他发现自己破产了。

当时，我们在一起。我们穷到只能到街头的小饭店去吃点最便宜饭菜。要不是著名的苏格兰画家詹姆斯·麦克白接济了点儿钱，我们恐怕连那点可怜的食物也吃不上。

但这些不是我想说的重点，问题的关键在于：当罗威尔·托马斯身处债务危机时，他虽然很重视这件事情，但却并没有忧心忡忡。因为他明白，如果自己因遭遇厄运而垂头丧气的话，自己就变得一文不值了，尤其面对那些债主时更是这样。于是，他每天早上出门前，总是要把一朵花插在衣襟上，然后再昂首挺胸地走上牛津街。他的头脑中充满了积极和勇敢，绝不允许挫折将自己击倒。对他而言，挫折只不过是人生的一部分，并且，还是攀登成功峰顶必须经历的有意义的磨炼。

心理对生理也有着令人难以置信的作用。英国著名心理学家哈德菲在那本只有54页但内容非凡的《力量心理学》里对此有精彩的论述。“我请了三个人来测试心理对生理的影响，以握力计来测量。”他要求那三个人在各种情况下，都要尽全力抓紧握力计。

在正常情况下，他们的平均握力是101磅。第二项实验则是对他们进行催眠，并给他们传达这样一个信息：他们非常虚弱。实验的结果是，他们的握力只有29磅——还不到正常力量的三分之一。然后，哈德菲让他们做了第三项实验，即在催眠之后，告诉他们说他们十分强壮，结果，他们的平均握力达到了142磅。可见，当人们在潜意识里肯定了自己的力量后，其力量几乎增加了百分之五十——这就是不可思议的心理力量。

我深信，内心的平静和生活中的种种快乐并不取决于我们处在什么位置，拥有多少财富，或者我们是什么人物，而取决于我们的心态是否积极，取决于你对世界的看法究竟怎样。就像法国思想家蒙田的座右铭所说的那样：“伤害人的并非事件本身，而是他对事件的看法。”的确如此，对事物的看法，完全取决于我们自己。女士们，你们愿意相信这一点吗：你怎样看世界，世界就会变成什么样子。

快乐，也是要学习的

我喜欢把快乐当成一种传染病，每天将它感染给我所接触的人和我做过的事情。

当你深陷烦恼中，精神高度紧张时，你完全可以凭借自己的意志力来改变你的心境。我来告诉你怎么才能做到，其实方法十分简单。

美国心理学会主席威廉·詹姆斯说过："行动好像跟着感觉走，其实行动与感觉是并行的，谁能以意志控制行动，也就能间接控制感觉。"就是说，我们不能指望下个决心就能改变某种情绪，但我们可以改变自己的行为，而一旦改变了行为，情绪就自然而然地随着改变了。

他对此解释道："如果你感到不快乐，那么唯一可以做的就是**振奋精神，装成快乐的样子。**"

这个简单的小伎俩真的有效吗？

你自己不妨试试看：脸上堆出一个大大的微笑，直起上半身，狠狠做一个深呼吸，唱首喜欢的歌——如果你唱不好，就吹口哨，吹不好就哼两句……你很快就能领会威廉·詹姆斯的意思：当你的行动散发出快乐，心理就不可能再颓丧下去了。

这是个能创造生活奇迹的小小秘密。

我认识一个家住加利福尼亚州的女士——我不想透露她的真实姓名——如果她知道这个秘密的话，也许能在24小时之内，把所有的哀愁一扫而空。

她是一个老寡妇，过着十分沉闷的生活，也从来没有想过要过快乐的日子。如果有人问她过得怎么样，她总是回答："哈，我还好。"但从她的表情和声音里，你仿佛听到她在说："唉，你来过过我的日子就会知道我有多惨了！"就好像全世界的女人就她过得最惨似的。但实际上，她丈夫死后留给她的保险金足够她过日子了，子女也都已经成家立业，都能照顾她，但是她还是整天愁眉苦脸——我甚至从来没见她笑过。她整天抱怨三个女婿太差劲，太自私——虽然每次老寡妇总是在女婿家里一住就是好几个月；她还抱怨自己的女儿从来不给她礼物，可是自己却把自己的钱袋捂得紧紧的，美其名曰"替未来打算"。周围的人都很憎恶她。

日子非得过成这样吗？不！她完全可以使自己从一个满腹牢骚、挑剔、吝啬、愁眉苦脸的老太婆变成家中备受尊敬和喜爱的人——只要她愿意，完全可以做得到。改变这种状况很简单，她只要高兴一点，多爱别人一点就可以了，而不要总是怨气冲天。

一个叫英格莱特的印第安纳州人甚至用这个小秘密挽救了自己的生命。十年前，英格莱特得了猩红热，康复后发现自己又得了肾病。他四处求医，用遍了偏方秘方，但谁也没把他治好。不久，他又得了另外一种并发症，医生说他的血压升得很高，已经无可救药了，最好马上安排后事。

他说："我回到家里，查到我所有的保险金都已经付清了，应该没什么牵挂了。接着，我陷入颓丧中无法自拔，整日坐着发呆，这个样子让我的妻子和家人感到十分难过。但过了一个星期唉声叹气的日子后，我对自己说：'你简直是个大傻瓜！在一年之内可能还死不了，那为什么不趁自己还活着，过得快乐一点？'

"于是，我挺直身子，露出笑脸，表现得就和一个正常人一样。我承认一开始装得挺难，但我强迫自己要开心，这不仅让我的家人觉得不那么难受，我自己的心情也开始慢慢好了起来。

"后来我发现自己竟然渐渐好了起来——几乎和我装出来的一样。情况变得越来越好，直到现在，我原以为已经该躺在坟墓里几个月后的今天。我不仅很快乐，活得好好的，而且血压也降了下来。当然，可以肯定的是，如果我一直想着自己会垮掉的话，那位医生的预测一定是对的，但我自己给了身体一个自愈的机会。**除非改变自己的心态，别的人或事都帮不了自己。**"

亲爱的女士们，在此我想向你们提一个问题：如果快乐、充满勇气和健康的思想能挽救一个人的生命，那么你还要为一些微不足道的小事而沮丧吗？如果让自己开心就能创造快乐，那何必要让自己和家人、朋友难过呢？

多年前，我曾经读过一本叫《我的人生思考》的书，作者是詹姆斯·艾伦。这本书对我的人生产生了积极而深远的影响，下面摘取书中的一段：

"人们会发现，当自己改变对事物和他人的看法时，这些事物和人对他也会发生改变……如果一个人将自己的思想指向光明，他就会惊奇地发现，自己的人生有了巨大的改变。人无法吸引自己所要的，却可能吸引自己所有的……能改变气质的神性就存在于我们自己的心中……人所能得到的往往是自己思想的直接结果……有了积极的思想之后，他才能斗志昂扬、克服障碍，最终有所成就。如果没有一个积极的思想，他就永远只能陷于衰弱之中而饱尝愁苦。”

我希望得到一种能控制自己的能力——能控制自己的思想，能控制自己的恐惧，能控制自己的欲望。我相信我已经能做到这些。无论在什么时候，我都相信：只要控制自己的行为，就能控制自己的情绪。

请大家记住心理学家威廉·詹姆斯的这句话：“在困境中，只要把心态由恐惧改成奋斗，就能把消极的东西变为对自己有积极意义的东西。”

我们完全可以不再忧伤！让我们用一个能产生快乐而且富有建设性的计划，来为我们的快乐奋斗吧！这份计划叫“为了今天”，作者是已故的希贝儿·F. 帕特里奇。我认为它非常能振奋人心，已经将它送出了好几百份。只要我们能照着去做，许多烦恼便会一扫而空，我们就会得到更多的生活乐趣，可以任性地快乐一回！

为了今天，我要十分快乐。如果林肯的“大部分人只要下定决心，就能很快乐”这话没问题，那么快乐是来自于内心，而不是外界。

为了今天，我要让自己适应一切，而不要让一切适应自己。我要以这种心态来接受家庭、事业和运气。

为了今天，我要爱护身体。我要多运动，照顾、珍惜它，而不损伤、忽视它，好身体是成功的基础。

为了今天，我要丰富思想，增强学识。绝不胡思乱想，要看几本能静心和思考的书。

为了今天，我要做三件事来锻炼我的灵魂。我要做一件不让人知道的好事，还要做两件自己不想做的事，就像威廉·詹姆斯所说的，只是为了锻炼自己。

为了今天，我要做个受人喜欢的人，穿着得体，说话谦虚，行动礼貌，不计毁誉，不吹毛求疵，也不干涉或教训别人。

为了今天，我要只思考如何度过每一天，而不是试图将一生的问题一次性解决，因为一个人只可以连续工作12个小时，却不能连续工作一辈子。

为了今天，我要制订计划，写下每小时该做的事，也许我不会严格遵守，但一定要有计划，这样可以避免两种缺点——仓促行事和优柔寡断。

为了今天，我要独自静静地待上半小时来放松自己，这半小时，我要想着自己的生命会更充满希望。

为了今天，我不再害怕。特别不再害怕快乐和美好，我要欣赏一切美，相信我给予世界的爱，世界也会给予我。

你已经拥有最好的一切

其实，每天我们都生活在美丽的童话王国里，生活在幸运中，可我们却视而不见、充耳不闻。

从孩提时代到长大成人，乔瑟芬妮·柯特一直是一个烦恼专家。她的烦恼不仅说来就来，而且花样繁多，虽然其中也有真值得忧虑的事儿，但大多数其实都是胡思乱想。她几乎没有什么事不烦恼的，甚至经常烦恼自己是不是包里忘了带什么，是不是出门忘了锁门，是不是忘了关炉灶……

不得已，她对自己的优点和缺点都罗列了出来，做了一番梳理，排成可供对比的表，希望能对自己有一个彻底的认识。于是，令她常常感到烦恼的原因清晰地呈现了出来。

乔瑟芬妮·柯特发现，自己并非为今天而活。她一面在为昨天犯过的错而后悔不已，另一面又对未来心存恐惧。虽然不断有人劝告说："今天不就是你昨天所忧愁的明天吗？"但这话对她没有丝毫触动。还有人建议她，尽量使自己忙碌起来，这样就没有时间去烦恼了。乔瑟芬妮承认这些说法都有道理，但却很难坚持下来，感觉实施起来会感到很疲惫。

直到有一天，她在西北铁路公司的月台上为朋友送行。车站人潮汹涌，送朋友上车后，乔瑟芬妮·柯特沿着铁轨朝火车头走去。顺着那闪闪发亮的巨大车头，她将目光移向铁道前方，她看到一座巨大的信号台正亮着耀眼的黄灯。突然间，黄灯变成了绿灯，火车汽笛长鸣，随着“发车！”的指令声，司机拉下启动闸，几秒钟内，巨大的火车轰隆隆地驶出车站，开始了它长达数千公里的漫漫旅程。

乔瑟芬妮·柯特的脑子突然被激活了，她恍然大悟——那位火车司机启发了她。司机只看到了一盏绿灯就开始了一段漫长的旅程，而她却希望看到整段旅程全都亮起绿灯后再出发。这就像是坐在人生的车里，寸步不动，却急于了解前方的路况那样矛盾。

火车司机并没有因为前路可能会遇到种种障碍而忧愁，事实上，为了防止火车可能会遇到的各种问题，人们建立起了一套信号系统——黄灯：减速、慢行；红灯：危险、停车；绿灯：安全、前行。这一套行之有效的系统使得火车能够安全运行。

于是，乔瑟芬妮·柯特问自己：**为什么不为自己的生活制订一套良好的信号系统呢**？这些系统也许早就存在于自己的身上，并且完全是由自己操纵着，因此能够保证步步安全——于是她开始找寻生命中的绿灯。

现在，乔瑟芬妮·柯特每天早晨都为即将开始的一天祈求绿灯。即使有时会遇到黄灯，它只不过使自己步履慢下来，还可以休息一会儿；有时也会遇到红灯，那就赶快停止，以免事情一发不可收拾。

自从两年前乔瑟芬妮·柯特发现这个道理后，她就不再自寻烦恼了。在这两年间，她看到了七百多盏“绿灯”为她亮起，而她已经全然不在乎下一盏灯到底会是什么颜色，这使得她的人生之旅变得轻松愉快。

其实，每天我们都像从前的乔瑟芬妮一样，生活在美丽的童话王国里，生活在幸运中，却视而不见、充耳不闻。

哈罗·艾伯特以前曾经做过我的教务主任，那时的他看上去总是忧郁极了。前几天，我们约好在堪萨斯城见面，他开车送我到密苏里州贝尔城我的农庄上去。路上，我问他：“你怎么变得快乐起来的？”他给我讲了一个难忘的故事。

他说：“以前我常常为各种事情而烦恼，可是在那个春天，我在韦伯敏西道提大街上，看到了一件事，从此之后就不再感到忧愁了。整个事情前后不过10秒钟，可就是那10秒钟，我学到的人生道理比我过去10年里所学到的还要多。

“我曾在韦伯城开过两年杂货店，不仅将自己所有的积蓄都搭进去了，而且还借了一笔债，花了整整七年时间才算还清。但杂货店还是关门了，我准备到银行去借点儿钱，以便能到堪萨斯城去找一份差事。我像个丧家狗一样在路上垂头丧气地走着。这时，迎面走来一个没有腿的人，他坐在一个小小的木头架子上，木架下面装着从轮滑鞋上拆下来的轮子，他两只手各抓着一截木棍，撑着地让自己在街道上滑行。我看见他的时候，他已经过了街，正准备再把自己抬高几英寸爬上人行道，当他把那小小的木头车子翘起来时，我们的目光相遇了。他对我咧嘴笑了笑，问候道：‘你早啊！先生，这几天天气真好，不是吗？’他看起来开心着呢！我站在那里看着他，突然间，我感到自己是多么的富有！

“我有两条腿，能跑能跳。这不禁让我对自己的自怨自艾感到羞耻。于是，我对自己说，他缺了两条腿还能够这么快活，这么高兴，这么自信，我有两条腿当然更能做到。我觉得自己的胸膛挺了起来。原本我只想向银行借100块钱，现在我有勇气去向他们借200块。本来我想到堪萨斯城去试试能不能找份工作，现在我自信地告诉别人说，我一定要到堪萨斯城去找份工作。结果，我借到了那笔钱，也找到了一份工作。”

如今，他在浴室的镜子上贴着写有下面这几句话的字条，让自己每天早上能够读到它：

别人骑马我骑驴，
回头看看推车汉，
我的情况还算好。

《时代》杂志曾经刊登过这样一篇报道，说一个战士在战争中受了伤，喉部被碎弹片击中，输了七次血。他给医生写了一张纸条，问：“我能活下去吗？”医生回答说：“是的。”他又写了一张纸条问：“我还能说话吗？”医生回答说：“当然可以。”得到这样的答复后，他写道：“那还有什么可担心的！”

你不妨马上问问自己：“还有什么可担心的？”你会发现自己所担心的种种事情，和很多人比起来实在是微不足道，一点儿也不重要。

一直往前走，才能把影子甩在身后

如果你因为失去太阳的明亮而哭泣，便不会发现月光的清朗。如果你把昨天的悲伤带进明天，你有限的心里如何再装得下快乐？

挪威小提琴演奏家奥勒·布尔曾经在巴黎举办了一场音乐会，不想在演奏过程中，小提琴的A弦突然断掉了，但他依然用另外三根弦拉完了曲子。生活就是这样，如果你A弦断了，请你一定用其他三根弦将曲子演奏完。这不仅是生活，这比生活更可贵——这是一次生命的胜利！

人生是一曲长歌，它是由弓弦相撞、迸发而出的生命火花编织成的乐章。通常，人们只习惯性地运弓演奏自己熟悉的那根“A弦”，但是你的弓上不会只有一根弦，只要你愿意，你总会找到其他的弦。

谁都难免遇上不如意的事情，只是，如果你因为失去太阳的明亮而哭泣，便不会发现月光的清朗。如果你把昨天的悲伤带进明天，你有限的心里如何再装得下快乐？所以，一个人，应该形成这样的自觉思想：无论生活怎样，都要继续下去，**一直往前走，才能把影子甩在身后**。

奥萨·约翰逊生于堪萨斯州，本来是一个典型的小镇姑娘，她和她的丈夫马丁·约翰逊结婚后，成为一对探险家夫妇。他们用了25年的时间来周游世界，既是探险家、博物学家，也是优秀的电影制片人，拍摄了许多濒临灭绝的野生动物纪录片。他们把猎豹、长臂猿当成宠物，驾驶过飞机，拍摄过大象，也差点成为食人族部落的晚餐。他们的生活里每天都有冒险，奥萨在《我和冒险结了婚》这本书里记载了这一切。

9年前，他们回到美国做巡回演讲，并放映他们拍的电影。但不幸发生了，在从丹佛城搭飞机飞往洛杉矶时，他们乘坐的飞机失事了，马丁·约翰逊当场死亡，奥莎也受了重伤。可是，不幸发生的3个月以后，奥萨开始坐着轮椅继续演讲，继续播放她和丈夫制作的电影。在那段失去丈夫的最痛苦的时间里，她作了一百多场演讲。

就在不久前的一次碰面中，她告诉了我，她是如何坚强活下去的。她说："我之所以这样不停地演讲，是想**让自己没有时间悲伤。**"

我也想让自己生活中的每一天充满冒险，就像奥萨所做的，在每一刻，都抓住机会去了解我周围的世界和我自己。即使在断了一根弦之后，还要在剩余的弦上演奏出动人的乐曲。

曾经获得诺贝尔医学奖的亚历克西·卡雷尔博士说过："在现代城市的混乱中，只有能保持内心平静的人才不会发疯。"是的，无论发生了什么，唉声叹气都是没有用的，你能做到的，就是用内心的平静将生活继续下去。实际上，大多数人实际上都比想象中更坚强，我们有许多连自己都不知道的内在力量，正如梭罗在其不朽的名著《瓦尔登湖》中所说的："我坚信人的生活受到意识力量的左右——如果一个人自信地朝他的梦想迈进，调整他的生活，他终将达到梦想中的成功。"

好莱坞明星凯瑟琳·赫本是第一位在银幕上穿短裤的女演员，也是第一个穿长裤出席奥斯卡的影后。她主演的第一部电影《离婚清单》大获成功后，在"巴黎城"邮轮上，不请自来的记者们纷纷涌进了她和丈夫的客舱，劈头盖脸地问了一堆让她火冒三丈的无聊问题，比如"你俩真的结婚了吗""你们打算生几个孩子"等，而纯真率性、讨厌八卦记者的赫本分别回答"我不记得了""打算生五个孩子，三个白人，两个黑人。"

对凯瑟琳的负面报道炸了锅，一方面，凯瑟琳·赫本的个性并不受媒体欢迎，另一方面她的锋芒毕露也引起了一些电影人的抵制。1935年到1938年期间，赫本遭遇了事业的低谷，她只主演了两部成功的电影，而其他影片都失败了，一家连锁影院趁机将赫本列入了"票房毒药"的黑名单。情况简直坏得不能再坏了，对此，赫本说："**我的命运由自己决定**，我也会跟别人一样担心害怕，但是你得自己往前走，要拥有自己的梦想。"

后来呢？赫本以独特的胆识去百老汇出演了舞台剧《费城故事》，该剧大受欢迎，帮助赫本走出了困境，如今的凯瑟琳被认为是女性的典范，甚至是开启女性时代的代表人物，在好莱坞，人们尊敬地戏称她为"凯瑟琳陛下"。

在本文结束时，我还要重复凯瑟琳·赫本的那句话"生活有时候是极惨的，我也遇上过这种情况。但无论发生了什么事，你都要保持点演喜剧的态度。说穿了，就是你不能忘记微笑。”我希望这本书的每一个读者能把这句话记在心中。

亲爱的女性朋友们，当你遇到痛苦、失意时，请一定要告诉自己，脚的前方是路，海的前面是天，人的前面是岸，从今天起，你要用自己的脚步踏上前方的路，跨越盘亘在你心里的孤独之海。海再宽，终有边，你要凭借自己的镇定和勇敢泅渡过岸。当太阳再次升起时，你面对的，便又是崭新而美好的一天。

走自己的路，让别人去说吧

如果结果证明我是对的，那么他人怎么评论都无关紧要；如果结果证明我是错误的，那么即使花十倍力量来说我是对的，也无济于事。

即使我们被人说了许多无聊的闲话，被当成笑柄和谈资；被人骗了；被人从后面捅了一刀；被最信赖的朋友出卖了……也千万不要顾影自怜，只要做好自己就好。

许多年前我就发现，尽管我无法阻止别人对我不公正的批评，但却能决定是否要让自己受到那些批评的干扰。我的意思并不是完全不理会批评，我所强调的是不要理会那些不公正的批评。

十分出色的女性更容易碰到不公正的批评。对于女性来说，即使做出了非凡的业绩，也往往无法得到社会舆论的完全支持——英国女王伊丽莎白一世被叫做“假男人”，英国第一位女首相撒切尔被称为“阿提拉母鸡”……

有一次，我问美国32届总统罗斯福的夫人伊莲娜·罗斯福，她是如何处理那些不公正的批评的。有关伊莲娜与总统的婚姻关系传言纷纷，作为第一夫人，她曾经承受的压力比任何人的都大，她所拥有的支持者和敌人，比以往任何一个第一夫人都要多得多。

她对我说，她小时候非常害羞，对别人的评论心怀恐惧，她向她的姨妈倾诉说：“姨妈，我想做这件事，但是害怕别人指责我。”姨妈看着她坚定地说：**“无论别人如何看，只要自己觉得自己是对的就行了。”**

这句话深深地影响了她，即使她进入白宫之后，这句忠告仍然是她的座右铭。在她看来，避免批评的唯一方法就是做自己心中认为是正确的事——因为你无论如何都会受到批评的。“做也是死，不做也是死，为什么不尝试一下呢？”她对我这样说。

终于，伊莲娜走出一条不同于其他第一夫人的道路，她制订了自己的社会活动日程；每周会召开一次只限女记者参加的记者会，成为历史上唯一有例行记者会的第一夫人；她为报纸撰写专栏，成为历史上第一个第一夫人专栏作家。《纽约时报》评价她是：“世界妇女新形象的象征。”

还有一次，我去拜访外号叫“老锥子眼”“地狱老恶魔”的斯梅德利·巴特勒少将。在所有统帅过美国海军陆战队的将军中，他被认为是花样最多，最有派头的，但也是最受士兵拥戴的。

他告诉我，年轻时他渴望成名，希望给每一个人都留下好印象。那个时候，一点点批评都会让他觉得难受极了。在海军陆战队的30年则使他变得坚强起来。他说：“我多次被人责骂和羞辱，骂我是狗，是毒蛇，是放臭屁的黄鼠狼。那些骂人专家几乎将英文里所有能够想得出来但不允许印刷出来的肮脏字眼都翻出来了。这会不会让我觉得难受？哈！现在要是听到有人在背后说我什么，我甚至都懒得回头去看一看是谁。”

也许我们会认为巴特勒将军对批评太不在乎了，但实际上，大多数人对别人的批评看得太过认真了。许多年前，一位纽约《太阳报》的记者参加了我举办的培训班的示范教学会，在会上对我本人和我的工作展开猛烈的抨击。当时我气急败坏，认为他是在对我进行人身攻击。我打电话给《太阳报》的执行主席基尔·霍奇斯，要求他刊登一篇道歉文章澄清事实——我下定决心要让侮辱我的人受到惩罚。

今天，我对自己当时的所作所为倍感羞愧。后来我才了解到，买那份报的人大概有一半不会看到那篇文章；看到的人中又有一半会将它当做一件微不足道的小事；而真正注意到这篇文章的人中，又有一半在几个星期后就把这件事情忘得一干二净。

现在我才懂得，**一般人根本就不会关注我们，或者关心别人批评我们什么**。他们只会关注自己，从早餐前到晚餐后，一直到深夜12点10分都是这样。他们对自己陈芝麻烂谷子之类的小事的关心程度，远大于我们的生死大事。

马修·布拉肖恩在华尔街40号的一家公司任总裁时，我曾问他，是不是很在意别人的批评？他回答说："是的，年轻时我对别人的批评非常在意。我想让每个人都认为我是非常完美的。如果他们不这样认为，我就会很担心。所以哪怕有一个人对我不满意，我都会想方设法去取悦他。但是，我讨好他，总会使其他人生气，而我试着弥补其他人时，又会惹恼另外的人。最后我发现，我越是想讨好别人，避免别人的批评，就越会增加敌人的数量。所以，我对自己说：'只要你是卓越的，就一定会受到很多批评，还是顺其自然吧！’从那以后，我决定把最主要的精力放在做事上，将遮盖自己的破伞收起来，让批评的雨水淋到身上，反正再小心，雨水也还是要滴到脖子里。”

音乐家迪姆斯·泰勒更率性，他哈哈大笑着让批评的雨水顺着脖子流下去。他曾经在每个周日的下午，在纽约爱乐交响乐团的空中音乐会休息时间主持音乐评论节目。有一次，他收到一个女性听众的来信，骂他是“骗子、叛徒、毒蛇和白痴”，但他一笑置之。在收到信的第二个周日广播节目中，泰勒先生将这封信读给了几百万听众听——然而几天后，他又收到那位女士的来信。在信中她丝毫没有改变自己的看法，她依然坚持说泰勒是一个骗子、叛徒、毒蛇和白痴。后来，泰勒在《人与音乐》一书中写道：“我想，她可能只喜欢听我的音乐，而不喜欢听我说话。”能以这种态度来接受批评的人实在令人佩服，我们佩服这种沉着的态度和幽默感。

查尔斯·施瓦布在普林斯顿大学发表演讲时说，他所学到的最重要的一课，是一名钢铁厂德国老工人教给他的。这位德国老工人与其他工人发生了争执，结果被丢进了河里。施瓦布先生说：“他走进我的办公室，满身都是泥水。我问他，想怎么对付那些把他扔进河里的人？他回答说：‘我一笑置之。’”从此，施瓦布把这个德国老工人的话当作座右铭：**“一笑置之。”**

当你遭遇到不公正的批评时，请想一下这个座右铭。别人骂你的时候，你可以回骂他，但是对那些“一笑置之”的人，你又能骂什么呢？

如果林肯没学会不理会别人对自己的咒骂，恐怕早就承受不了内战的压力而崩溃了。他写的关于如何对待批评的文章，已经成为经典。第二次世界大战期间，五星上将麦克阿瑟将军将这篇文章抄下来，挂在总部办公室的墙上；英国首相丘吉尔也将这篇文章镶在镜框里，挂在书房的墙上。这段神奇的话就是：

如果我仅仅试着去读——更别说去回应所有对我的攻击，不如关门去做其他生意好了。我竭尽全力去做好，并且始终如一地将事情做完。如果结果证明我是对的，那么他人怎么评论都无关紧要；如果结果证明我是错误的，那么即使花十倍力量来说我是对的，也无济于事。

所以，女士们，当你我受到不公正的批评时，我们完全可以：

把最主要的精力放在做事上，将遮盖自己的破伞收起来，让批评的雨水淋到身上吧。

女神箴言
DALE CARNEGIE

做也是死，不做也是死，为什么不尝试一下呢？

*

你有信仰就年轻，疑惑就年老；有自信就年轻，畏惧就年老；有希望就年轻，绝望就年老；岁月会使你皮肤起皱，但若失去了热忱，就损伤了灵魂。

*

你见过痛苦的马或忧愁的鸟吗？它们没有烦恼，因为它们不必在同类面前炫耀自己。

*

你会发现自己所担心的种种事情，和很多人的情况比起来实在是微不足道。

*

尽管我无法阻止别人对我不公正的批评，但却能决定是否要让自己受到那些批评的干扰。

DALE CARNEGIE

Lovely Rita

第 2 章

明白要趁早：生活就是高高兴兴地活

当我偶尔对人生失望，
对自己过分关心的时候，
我也会沮丧，
也会暗自埋怨，
可是一想起自己已经拥有的一切，
便马上纠正自己的心情，
不再埋怨叹息，
而是高高兴兴地生活下去。

活在当下，不惧过去，不畏将来

世界就像一面镜子：你皱着眉头去看它，它也皱着眉头来看你；你笑着面对它，它也笑着面对你。

世界就像一面镜子：你皱着眉头去看它，它也皱着眉头来看你；你笑着面对它，它也笑着面对你。很多人最悲哀的就是，不肯马上去过积极的生活，却总忙着为过去的日子而悔恨，或者为还没发生的事情而发愁。完全把生活过成了和自己一样的愁模样。**我们向往着天边有座奇妙的玫瑰园，却从不注意欣赏今天就开放在窗口的玫瑰**。我们怎么会变成这种可怜的傻瓜呢？

“生命的小小历程多奇怪呀，”加拿大著名作家史蒂芬·里柯克写道，“小孩子常说：‘等我是个大孩子的时候，’可是等他成了大孩子后又怎么样呢？大孩子常说：‘等我长大成人以后。’等他长大成人以后，他又说，‘等我结婚以后，’可是他结了婚又能怎么样呢？他们的想法又变成了‘等我退休以后’。然而，退休之后，回过头看看自己的一生，似乎只是吹过一阵冷风。不知为什么，他错过了所有，一切都一去不复返了。我们总是不能早点明白：**生命就在生活里，就在每天和每时每刻中，活好当下。**”

底特律城中的爱德华·伊文斯先生，在学会“活好当下”之前，愁得几乎要自杀。爱德华出生在一个贫苦家庭中，一开始以卖报为生，后来做杂货店店员。家中七口人靠他吃饭，工资不够糊口，他找了个助理图书管理员的工作，虽然工资不多，但他不敢辞职。八年之后，他才鼓起勇气开创自己的事业。时来运转，用借来的55美元发展到一年净赚两万美元，可惜好景不长，他替一位朋友签了一张大额支票，可是朋友破产了，更不幸的是，他存钱的银行倒闭了。就这样，他不但损失了全部财产，还欠了16000美元的债——他受不了这样沉重的打击。

他吃不下，睡不着，开始生起怪病，病因纯粹是太忧愁了，有一天他昏倒在路边，从此只能躺在床上，结果全身都生疮溃烂了，连躺着都痛苦不堪。这时医生告诉他，他大约只能活两个星期了。爱德华大吃一惊，只好写完遗嘱躺着等死。这时候再忧愁也无济于事，他索性不愁了。他放松下来，闭目休养了好几个星期。虽然每天睡眠不足两小时，但睡的都是安稳觉，那些沉重的担忧渐渐消失了，胃口也渐渐好起来，体重也开始增加。

又过了几星期，爱德华能拄拐走路了，六星期后他又能去工作了。过去他一年能赚两万美元，现在能找到每周30元的工作就很满意了。爱德华的新工作是推销一种在运汽车的货轮上使用的车胎挡板，他不再想往事，也不害怕将来，而是将全部时间、精力和热情都放在工作上。

后来，爱德华·伊文斯的事业发展很迅速，没几年，他已是伊文斯工业公司的董事长，他的公司长期雄霸纽约股票市场。如果你坐飞机去格陵兰，很可能会降落在伊文斯机场，这就是为纪念他而命名的。但是，他如果没学会“活在当下”，那绝不会有这样的成功。

喜欢童话的女士们，大概还记得《白雪公主》里的话吧：“这里的规矩是，昨天可以吃果酱，明天可以吃果酱。但今天不准吃果酱。”我们大多数人也是这样——为了昨天的果酱和明天的果酱发愁，却不肯把今天的果酱厚厚地涂在现在吃的面包上。连伟大的法国哲学家蒙田也犯过同样的错误。他说：“我的头脑中，曾充满可怕的不幸，而那些不幸大部分从未发生。”我们的生活也经常是这个样子，悔恨昨天，担心明天，却完全不考虑今天有多么美好。

波茜 · H. 惠廷对我说：“我得过的病比任何人都多。我得过‘忧郁’症。我的父亲开过一家药店，我从小经常和大夫、护士聊天，所以懂得许多疾病的病征。我本来没有忧郁症，但体弱多病的我确实常常为所得的病烦恼，不知不觉就拥有了忧郁症的全部病情。”

波茜居住的马州林顿镇流行过一种很猛烈的白喉病。那段时间，每天，波茜都在父亲的药店里卖药给那些传染病人。渐渐地，波茜开始担心这种疾病会降临到自己的身上，整天躺着不动，心中忧虑极了！结果，白喉病的一些症状真的渐渐在她身上出现了。

医生检查之后说：“波茜，你的确已染上了。”这结论让波茜悬着的心反而放了下来：原来的确得病了。被确诊后，波茜反而不再担心了，她不再胡思乱想，心安定了下来，于是一翻身，呼呼睡了一个好觉。第二天早晨，她就“痊愈”了。

波茜还得过许多稀奇古怪的病，不仅多次“死”于疯病和牙关紧闭症，甚至还得过类似癌症和肺结核等可怕的病。这让她在相当长的时间里，备受众人的关心和同情。当时的小惨样，波茜现在想想都感觉特别可笑：多年来，她一直害怕自己会死掉，春天该添置新衣服的时候，她总是自言自语：“自己都快死了，还浪费什么钱买衣服呢？”

现在，波茜已经有了巨大的转变，在过去的10年中，她一次也没“死”过。她是怎么做到的呢？其实很简单，就是嘲笑自己的这些荒唐想法。每当她感觉那些恐怖的疾病又要降临到身上时，她就笑着对自己说：“波茜，过去二十几年来，你一次又一次地逃过了那些‘绝症’，而你现在的身体这么好，一家保险公司甚至还想动员你增加人寿险的保额。波茜，难道你不觉得自己杞人忧天，简直是个大傻瓜吗？”波茜发现，如果这样嘲笑自己，就没有时间自寻烦恼了，因此，她一旦感觉自己又因为风吹草动而敏感起来，就会嘲笑自己。

亲爱的朋友们，波茜的故事告诉我们，不要花费很多的时间来担心自己。不惧过去，不畏将来，只负责把今天过好就好。嘲笑自己那些没有必要的担忧，一定可以将它们笑得无影无踪。你如果不希望担忧影响你的生活，你就应该像医学家奥斯勒博士说的那样：“用铁门把过去和未来隔断，活在当下吧！”

让安全感帮我们睡个好觉

失眠出名人。所以，失眠也不必发愁。当你在凌晨四点还在数绵羊时，不妨把心放开点。

如果世界上有地狱的话，那一定存在于人们的心中。当一个人有负面情绪的时候，所有的压力都会放大，对未知的担忧如果渗透太深，有的人会因此负担太大以致失眠。不是每个人的失眠都是真正的失眠症，如果你经常没有办法入睡。那可能是你对自己的暗示，女士，请放下这种焦虑吧！

失眠不那么可怕，或许你不知道，律师塞妮·奥瑞德一辈子就没有好好睡过一天，她每天最痛苦的事就是睡不着觉。塞妮决定不再强迫自己，特别是立志做一名律师后，失眠时索性起床读书。结果，别人在呼呼大睡的时候，她还在“啃”厚厚的法律书，这让她以卓越的成绩考取了律师执照。

当了律师以后，塞妮还是睡不着觉，她只好说：“老天自有安排。”事实也的确如此，她虽然每天睡眠很少，却一直很健康，她的工作成绩超过了很多律师，因为在别人呼呼大睡的时候，她还在清醒地工作，她的勤奋换来了丰厚的结果，她多次被同行评为“美国最好的律师”之一。

但成功后，失眠症仍旧困扰着她，于是，她索性适应这一切。当大多数人刚刚开始工作的时候，她已经完成了差不多半天的工作量。她身体一直很好，一辈子却没有一天好好睡过，但她没有为失眠而焦虑过，而是平静地接受了这个现实。

我们的一生有三分之一花在睡眠上，可是没人知道睡眠究竟是怎么回事。我们只知道睡觉是一种习惯，是一种休息状态。但我们不清楚每个人需要几个小时的睡眠，更不清楚我们是不是非要睡觉不可。有这样一件令人难以置信的事：在第一次世界大战期间，一个名叫保罗·柯恩的匈牙利士兵，脑前额叶被子弹打穿，伤愈后，他再也睡不着了，而且也不觉得困。所有的医生都说这个士兵活不长了，但他却让医生的话落了空，他找到了工作，并且健康生活了四十年。每晚他会在清醒的情况下闭目养神一两个小时，但是他其实睡不着。他的病例是医学史上的一个谜，也推翻了我们对睡眠的许多传统看法。睡眠时间可能因人而异，著名指挥家托斯卡尼尼每晚只睡五个小时，而柯立芝总统每天却要睡十一个小时。

失眠本身远比因失眠而发愁所产生的损害少。我的一个学生伊拉·桑德勒，就差点因为严重的失眠症而自杀。她的睡眠本来挺好，好得连闹钟都吵不醒，结果每天上班都迟到。老板狠狠警告她说，伊拉，如果再睡过头，就小心这份工作！

朋友向一筹莫展的伊拉建议：躺下后时刻听着闹钟的声音，或许会好点。结果可怜的伊拉发现，这样做的结果是，那该死的“滴答滴答”的声音缠着她不放，让她整夜翻来覆去地睡不着。

到了早晨，她却困得几乎不能动弹了。就这样，她一直受了两个月的折磨，差点疯掉。有时她会在房间里走来走去转上几个钟头，甚至想，从窗口跳出去得了！

实在没办法，伊拉去看了医生，医生说：“折磨你的不是失眠症，而是失眠引起的焦虑。如果睡不着，你只能对自己说：我才不在乎睡得着睡不着，就算醒着躺一夜，也能得到休息。”伊拉照医生的话去做，不到两个星期就能安稳入睡了。不到一个月，她的睡眠就恢复到了八小时，精神上也没有痛苦了。

芝加哥大学教授山尼尔·克里特曼博士是睡眠问题专家。他说，比失眠更可怕的是焦虑，失眠的人通常睡的时间比自己想象的要多得多。那些发誓“昨晚眼睛都没闭一下”的人，实际上可能睡了好几个钟头。著名思想家斯宾赛是个单身汉，他住在宿舍里，整天都唠叨自己失眠，弄得别人烦得要命。一天晚上，他和牛津大学教授塞斯同住一个房间，第二天早晨，斯宾塞说自己整夜没睡着，其实可怜的塞斯才一宿没合眼，因为斯宾赛的鼾声吵了他一夜……

要想睡个安稳觉的第一个必要条件就是要有安全感。大卫·哈罗·芬克博士曾写过一本书，叫《消除神经紧张》，提出要和自己的身体沟通，让身体获得一种安全感。他认为，语言是一切催眠法的关键。如果你失眠，可以对你身上的肌肉说：“放松，全部放松。”众所周知，肌肉紧张时，思想和神经就不可能放松。所以，如果想要入睡，就必须从放松肌肉开始。然后，同样的道理，把几个小枕头垫在身体底下，使自己的下颚、眼睛、两臂和双腿依次放松，这样，你就会在不知不觉中睡着了。

治疗失眠的另外一种有效方法，就是使自己疲倦。你可以去种花、游泳、打网球、打高尔夫球、滑雪……这是著名作家德莱塞的做法。他当年还是个穷作家时，也曾经失眠过，于是，他跑到纽约中央铁路公司当了一名铁路工人，在干了一整天敲钉子和铲石子的活后，往往困得连晚饭都顾不上吃就进入了梦乡。

当一个人累到极点的时候，即使在打雷或打仗的情况下，也能安然入睡。著名神经科医生佛斯特·甘乃迪博士告诉我，英国军队撤退时，他就亲眼见过筋疲力尽的士兵随地倒下，睡得就像昏过去一样。即使他用手撑开他们的眼皮，他们也醒不过来。他发现所有昏睡过去的人的眼球都在眼眶里向上翻起，从那以后，每当佛斯特睡不着的时候，就把眼珠翻到那个位置上。结果不到几秒钟，就会开始打哈欠犯困，这是一种不可控制的自动反应，你倒可以试一下这个办法。

有句玩笑话说：失眠出名人。所以，失眠也不必发愁。当你在凌晨四点还在数绵羊时，不妨把心放开点。从来没有人因缺乏睡眠而死，失眠的焦虑对人的损害，会比失眠本身更厉害。如果你睡不着，就起来工作或看书，直到打瞌睡为止；或者是全身放松，和自己的身体交流，让安全感帮我们睡个好觉。

想得太多，只会让自己更加难过

我想让你明白，人的一生，既不是想象中的那么好，也不是想象中的那么坏。

对女人来说，人生好像有说不完的烦恼，或许是因为完不成的工作任务；或许是身边没有人关心呵护；或许是单调的生活让人心生厌倦；或者是父母的压力让你无所适从。这时，烦恼便像长了翅膀一样如影随形。想太多，越想只会让自己越加懦弱。想太多，只会停留在苦恼中不可自拔，其实，我想让你明白，**人的一生，既不是想象中的那么好，也不是想象中的那么坏。**

但有人还是会被自己想象出来的困难吓得心神不安：下雨天担心会被闪电击死，坐飞机担心乘坐的飞机失联……想一想这些事情发生的实际概率，得把我们笑死。思想上的这种过分放纵，实际上只是自己恐吓自己，自己否定自己，自己折磨自己，让自己成为自己最可怕的折磨者。

我小的时候整天胡思乱想。我担心会被活埋；我怕被闪电击死；怕死后会进地狱；我怕一个叫詹姆·怀特的男孩会割下我的耳朵——像他威胁过我的那样；我怕女孩子在我向她们脱帽打招呼时会取笑我；我怕将来没有一个女孩子肯嫁给我……我常常花几个小时在想这些“惊天动地”的大问题。

一年一年过去了，我发现我所担心的事情中，有百分之九十九根本就不会发生。现在我知道，无论哪一年，我被闪电击中的机会，都只有三十五万分之一。而活埋，即使是在发明木乃伊殉葬以前，一千万个人里可能只有一个人被活埋。数据显示，每八个人里就有一个人可能死于癌症。如果我一定要发愁的话，也应该是为得癌症发愁——而不该去发愁会不会被闪电击死或遭到活埋。

事实上，很多成年人的忧虑也同样荒唐。如果我们根据概率评估一下我们的担忧究竟值不值得，我们十之八九的忧虑就会自然消除了。

伦敦罗艾德保险公司就靠着人们的担忧赚了不少钱。保险公司的生意就是和人打赌，不过这个赌被叫做“保险”，实际上这是以概率为根据的一种赌博。这家大保险公司已经保持了200年的好业绩，只要人的本性没有改变，估计它至少还可以继续赚5000年。而它只是利用概率来向你保证那些灾祸发生后的赔偿，实际上，灾祸并不像想象的那么频繁。

一年夏天，我在加拿大落基山区弓湖的岸边遇到旅游的赫伯特·沙林吉夫妇。沙林吉夫人是一个很平静很沉着的女士，给我的印象是：她从来没有忧愁过。一天晚上，我问她究竟有没有过忧愁时，她说：“我的生活都差点被忧虑毁掉！在我学会不要发愁之前，我被自己折磨了整整11年。那时我脾气不好，经常很急、很紧张，连去买点东西我都会发愁——也许出去后房子烧了，也许佣人跑了，也许孩子们被汽车撞了……我常愁得直冒冷汗，冲出商店跑回家，看看一切是否正常——我的第一次婚姻就这样被毁了。

“我的第二个丈夫是个律师，很文静，很有分析力，从不为任何未知的事情提心吊胆。每当我紧张或焦虑的时候，他就对我说：亲爱的，不要慌，和我说说你在愁什么？让我们分析一下概率，看看这种事情有没有发生的可能。

“有一次，我们在新墨西哥州的公路上遇到了一场暴风雨。道路很滑，车子很难控制，我觉得它随时会滑到路边的沟里去，浑身紧张得发抖，可我的丈夫一直对我说：我现在开得很慢，不会出事的。即使车子滑到沟里，沟不深，我们也不会受伤——他的耐心和镇定使我慢慢平静下来。

“还有一年夏天，我们到落基山区露营。一天晚上，我们把帐篷扎在海拔二千多米的高原地带，扎好营后突然遇到了暴风雨。帐篷被大风刮得乱抖，发出野兽嚎叫一样的刺耳声音。我真被吓坏了，不停地想：哎呀！帐篷要被吹垮了，要被吹走了！可丈夫不停地说：亲爱的，我们有经验丰富的印第安向导，他们说，在山里扎营已有六七十年了，从没发生过帐篷被吹跑的事。根据概率，今晚帐篷也不会被吹跑。即使真被吹跑了，我们也可以躲到别的帐篷里去，所以你用不着紧张——我放心了，结果那一夜睡得很安稳，什么事也没发生……‘根据概率，这种事情根本不会发生’，这句话消灭了我百分之九十的忧虑，使我过去这二十多年的生活过得美好又平静。”

就像最擅长拍摄女性题材电影的导演乔治·库克曾说过的

那样："很多忧虑和哀伤，都是人们想象出来的。"我的朋友詹姆·格兰特告诉我的故事证明了这句话，他做的是从佛罗里达州批发水果的生意。性格有点像姑娘的他，头脑里常有些怪念头，像"万一火车失事怎么办"啦，"万一水果滚得满地都是怎么办"啦，"万一我的车过桥时，桥忽然塌了怎么办"啦……虽然他为自己的水果都买了意外保险，但他还是担心万一火车晚点怎么办，他的水果会卖不出去怎么办……有段时间，他怀疑自己得了胃溃疡，去找医生检查时，医生说："你没得病，胃疼只是你紧张过头了。"

詹姆这时才恍然大悟，他开始自问自答："嘿！詹姆，这么多年来，你处理过多少车水果。""大概5000多车吧！"

"这么多年里有多少车出过车祸？"

"大概有五辆吧！"

"你知道这是什么意思吗？概率是千分之一！那你还有什么好担心的呢？"

"可是桥说不定会塌的！"

"你究竟有多少辆车遇到了桥塌？"

"一辆也没有……"

"你为了一座从来也没有塌过的桥，为了千分之一的火车失事概率，居然会愁出了胃溃疡，你傻不傻啊？"

——是啊，从此，我再也没得过这种“胃溃疡”了。

人的多疑是最可怕的，如果我们有常识，适应基本规律，遇到事情主动思考，了解发生的概率，那么生活就应该是快乐而简单的。亲爱的女士们，请在忧虑毁了你之前，先改掉忧虑的习惯，应该：“看着以前的记录，根据概率统计后，问问自己，我现在担心会发生的事，发生的几率究竟有多大？”

让生活保持一点小新鲜

保持快乐最好的办法就是抓住生活中的每一个闪光点，让生活经常保持新鲜。

很多人都对我抱怨说："我的生活太枯燥了，我每天的事情就是重复那些无聊的工作，这种生活我简直再也不能忍受了！"每当听到这种话，我总是会问："你们有时间的话喜欢做什么呢？"看起来，女士们都很喜欢回答这个问题，她们有的说自己喜欢散步，有的说自己喜欢去剧院，还有的说自己喜欢布置居室。

有一位叫梅琳达的女士告诉我，她最大的爱好就是收藏家居杂志。于是，我要求梅琳达女士给我介绍一下她的收藏。梅琳达女士立刻答应了，她非常兴奋和骄傲地给我介绍她所知道的有关家居杂志。我清楚地记得，她那次说了很长时间，几乎把最好的家居杂志给我介绍了个遍。介绍完的时候，梅琳达女士的脸上洋溢着快乐、幸福和满足。

我对梅琳达女士说："祝贺你，你已经战胜了忧虑，你现在可以不必再过那种单调的生活了。"梅琳达女士说："我不明白你说的话，我更加不知道我战胜了什么。"我笑着对她说："据我所知，任何人都有很多烦恼，尤其对已婚女士来说。可是，当你把精力投入到你所喜爱的事情上时，你还有时间去考虑那些令你烦心的事吗？你还觉得生活枯燥单调吗？”

女士们，不知道你们对我的意见有何看法。我认为，如果你觉得生活平淡、乏味、单调，那你的生活永远算不上幸福美满。这一点和家境、职业都无关。如果你想让自己快乐、幸福，那么你必须有本事把自己的生活变得不再单调。对生活、工作来说，单调称得上是一个冷酷的杀手。

只有你把生活过得丰富多彩，你才会觉得生活是丰富多彩的。不过，很多女士并不知道到底怎样做。我给你们的答案，就是兴趣。

不管什么事，只要你对它有兴趣，倾注了很多时间和精力，那么它就一定会给你带来乐趣，即使这件事在别人眼里很无聊。家庭主妇经常会感觉自己生活得最无聊，因为她们每天要重复地做家务。可是，如果她们能够抽出一点时间去参加家庭以外的活动，而不是守在电视机前观看肥皂剧的话，那么她们既可以使自己得到快乐，也可以让自己有一个更好的心情。

乔安妮相貌平平，性格有点害羞，喜欢看书，做过秘书和教师，要说和其他的英国女人有什么不一样，只能说她还是个单身母亲。她的婚姻不是很理想，女儿不到一岁，她就离婚了。作为一名单身母亲，乔安妮一边要照顾孩子，一边要治愈自己破碎的心情。没有什么收入来源的她，雇不起人来照顾年幼的孩子，没办法出去工作，只能靠领政府救济勉强度日。乔安妮一直有写作的爱好，照看孩子的空闲，她就拿出纸和笔，写下自己头脑中的故事。租的房子又小又冷，她只能推着孩子到附近的咖啡馆里蹭暖。这段日子虽然难熬，但靠着写作这点业余爱好，乔安妮终于给生活找到了一点乐趣。

被拒绝很多次后，终于有一家小出版商同意出版她的故事，不过出版商对这部作品只是抱着试试看的心理，他们甚至为了促进销量，建议乔安妮换一个中性化的名字，贫困的乔安妮只能答应下来，她将名字改成了J.K.罗琳。后来的事，很多人应该都知道了。这部诞生于一名家庭主妇之手的业余作品最终在全球卖了上亿册，这部作品的名字叫《哈利·波特》。

找一种爱好，改变自己单调生活的同时，实际上也从客观上激发了你的潜能和活力。爱好不但可以打发日子，已婚的女士，还可以用共同的爱好为你们共同的生活保鲜。

邦妮·梅纳太太住在一个小镇上，她和梅纳先生的婚姻已经维持了16年，他们有两个可爱的孩子，一家人生活美满。梅纳太太料理家务之余，却总感觉生活中少了些什么。后来，她终于发现缺少的是什么——他们只有夫妻之间的尊重，却没有一份如朋友般的情谊。于是，梅纳太太决定学习一点和梅纳先生相同的爱好来改善两个人的状况。

梅纳先生业余时间喜欢看曲棍球职业赛，所以，梅纳太太决定先培养这方面的兴趣。以前，电视上转播曲棍球比赛的时候，梅纳太太总是忙着做自己的事情。现在，梅纳太太也对曲棍球赛有了兴趣，每次球赛她一场不落。渐渐地，她了解了曲棍球的比赛规则和球员的专业动作，现在，她跟先生一样，每次都迫不及待地等着看球赛，而且现在如果在家里看转播，梅纳太太会先忙着找电视节目表，定好时间，以便不致错过精彩的球赛，如今，梅纳太太不仅拥有了自己的业余爱好，更与丈夫有了共同的兴趣，彼此之间的交流更融洽了。

要想得到生活中的快乐，一个人必须有两三种业余爱好，而且必须是真正喜欢的业余爱好。很多女士都有这样一种想法，她们认为自己现在还没钱，不能去享受生活，最好的办法就是等到以后有了钱而且有时间的时候再去享受。不！不要以没时间或者很忙来推迟自己的快乐，这种想法既是错误的，也是可怕的。为什么我们要把快乐寄托在明天呢？

女士们，你们还在等什么？难道你们不想改变单调的生活？行动起来吧，为单调的生活创造一些乐趣的方法，就是试着给自己寻找一些新的兴趣。保持快乐最好的办法就是抓住生活中的每一个闪光点，让生活经常保持新鲜。

放过自己，就是得到安宁

人生就像走路，背负的东西越多，走起来就越累，只有学会放下，才会轻松前行。

我们与生命中来来往往的人，亲近的、疏远的、熟悉的、陌生的，既避免不了相处，也无法避免竞争，总难免会有磕磕碰碰的时候。面对这些，你该怎么做？抱怨还是报复？

南北战争中，各方的斗争十分激烈，林肯总统的几位朋友曾经攻击过林肯的一些敌人，林肯却说："你们对恩怨比我敏感，也许是我这方面太迟钝了吧！可是，我一向认为这很不值得。一个人实在没有必要把他半辈子的时间都花在争吵上。如果那些人不再攻击我，我也就不再记他们的仇了。"

我真希望我的伊迪丝姑妈也有林肯的这种宽恕精神。

她和法兰克姑父住在一个租来的农庄上。那里土质极差，不方便灌溉，收成不好，所以他们的日子过得紧紧巴巴，每分钱都要掰成两半用。伊迪丝姑妈喜欢买一些窗帘和小东西来装饰屋子，为此她常向一家小杂货铺赊账。法兰克姑父很注重个人信誉，不愿意赊账，所以他私下和杂货店老板说，不要再让他妻子赊东西。天下没有不透风的墙，伊迪丝姑妈知道这事后大发脾气。

一直到50年后，她还在对这件事念念不忘——我就不止一次听她唠叨这件事。我最后一次见她时，她已经快80岁了，还没忘记这件事。我对她说："伊迪丝姑妈，法兰克姑父当初这样做确实不对。可是你已经唠叨了半个世纪了，你不觉得这是一件更糟的事吗？"（结果我这话说了还是等于白说。）伊迪丝姑妈为她这些不痛快的记忆付了昂贵的代价——半个世纪的安宁日子。

梭罗曾用鹅毛笔写下这样一句话："一件事物的代价，也就是我称之为生活的总值，需要当场交换，或在最后付出。"换一种说法就是：**我们以生活的一部分来进行价值交换，付出太多的话，就是傻子。**

这也正是吉尔伯和苏利文的悲剧。音乐剧史上的这对黄金组合，让无数人为他们轻松、犀利、幽默的歌剧捧腹大笑。他们知道如何创作出欢快的歌词和曲调，可完全不懂如何在生活中寻找快乐的友谊；他们写过很多让人非常喜欢的轻歌剧，可都无法控制自己的脾气。有一次，苏利文为剧院买了一张新的地毯，节俭的吉尔伯看到账单时大发雷霆，甚至差点把这件事闹到法院。从此，两个倔老头老死不相往来。但是合作总要进行下去，因为和剧院的合约还没到期呢！一般人可能会想：为了合作，干脆合好吧！可他们呢？苏利文替新歌剧谱完曲后，就把曲谱寄给吉尔伯，而吉尔伯填上词后，再把歌词寄给苏利文。有一次，他们必须要一起到台上去谢幕，但两人却选择站在台的两边，分别向不同的方向鞠躬——因为这样，就可以看不见对方了。他们算是维护了自尊吗？不，在别人眼中，他们倔强得可笑，并且不懂得在彼此的不快中，定下一个"到此为止"的最低限度。

我在三十出头的时候，曾想当个小说家，一心想做哈代第二。我满怀信心在欧洲待了两年，准备写出一部空前绝后的作品。我把那部作品命名为《大风雪》，这个题目取得真贴切，因为所有出版家对它的态度，都冷得像呼啸着刮过德可塔州大平原上的大风雪一样。当我的经纪人告诉我，这部作品不值一分钱，还说我没有作家的才能的时候，我的心跳几乎要停止了。我发觉自己站在生命的十字路口上茫然极了，不知道以后应该去向何方。几个星期之后，我才从茫然中清醒过来。当时我还不知道**“为忧虑定下到此为止的限制”**，但实际上我做到了这一点。我把费尽心血写小说的两年时间，看成一次宝贵的经历，然后，“到此为止”，不再去忧伤这件事。我重新操起组织和教授成人教育班的老本行，有时间就只写一些传记和非小说类的文章。

富兰克林七岁时看中了一个哨子，于是兴奋地跑进玩具店，把所有的零钱放在柜台上，没问价钱就把哨子买下了。70年后，他在给一个朋友的信中写道：“我跑回家，吹着这个哨子，在房间里得意地转来转去。”后来，他的哥哥姐姐发现他买哨子多付了钱，忍不住取笑他，他说：“我当时沮丧极了！”

富兰克林在这个教训里学到的道理非常简单：“长大后，我见识了人类许多行为，认识到，许多人买哨子都付出了太多的钱。简而言之，我确信人类的苦难，相当一部分产生于他们对事物的价值做出了错误的估计，也就是，他们买哨子多付了钱。”

托尔斯泰把自己深爱的女人娶回家，他们在一起非常快乐。可是，托尔斯泰的妻子天生嫉妒心很强，常常窥探他的行踪，他们时常争吵得不可开交。她甚至嫉妒自己亲生的儿女，曾用枪把女儿的照片打了一个洞，她还拿着鸦片威胁说要自杀，吓得她的孩子们躲在房间的角落里直叫。

如果托尔斯泰跳起来把家具砸烂，我倒不怪他，因为他有这样生气的理由。可是他做的事比这个要坏得多，他把不满记在日记中，日记就是他的“哨子”。在日记里，他努力要让下一代同情他，而把所有错都归到妻子身上。他妻子是怎么对付他的呢？她当然是把他的日记撕掉烧掉。她自己也记了一本日记，把错都推到托尔斯泰身上。她甚至还写了一本小说叫《谁之错》，在小说里，她把丈夫描写成一个破坏家庭的人，而她自己则是一个无辜的牺牲品。

结果，他们把唯一的家，变成了托尔斯泰所说的“一座疯人院”。这两个无聊的人为他们的“哨子”付出了巨大的代价。50年的光阴都生活在一个可怕的地狱里，只因为两人中没有一个有头脑说“不要再吵了”；只因为两人都没有足够的价值判断力，能说出：“这件事到此为止，我们是在浪费生命，让我们现在就说‘停止’吧。”只是因为两个人都不懂得，**放过自己，才能得到安宁**——不错，我十分相信这是获得内心平静的秘诀之一。

首先，你必须学会放过自己，不要对自己太苛刻；其次，要放过你的朋友，因为他们曾给过你帮助和快乐；最后，请放过你的敌人，没有一模一样的两片树叶，难免会有人与你想法不一样。

那些过得去的过不去的，终将过去

烦恼的事情最好在散步时把它忘掉，你不妨试试看，一切烦恼都会像长了翅膀一样飞走了。

每个人心中都有一只老虎，它可以强大无比，也可以消失得无影无踪；每个人内心深处都有一个秘密花园，不要让那里荒草丛生，一片狼藉。这只老虎就是你的心魔，把压在心底里的话说出来，就等于给你的心灵花园做了有益的清扫。

去年秋天，我的助手乘坐飞机去波士顿参加一次不寻常的医学实验，实验正式的名称叫应用心理学实验，大多数病人是总感到不安的女性。这个实验是这样产生的：

约瑟夫·普雷特博士——他曾是心理学泰斗威廉·奥斯勒的学生——发现了一个问题：来波士顿医院求诊的女患者中，有很多人生理上根本没病。例如，有个女病人觉得自己得了“关节炎”，两只手无法活动，另一个患者觉得自己患了“胃癌”，十分痛苦，其他人有常年发作的头疼、腰疼。但经过最彻底的医学检查后却发现，这些妇女生理上完全正常，医生们都说：“她们脑子有病！”

但普雷特博士却认为，单单叫她们“回家去把这件事忘掉”

是没用的。于是他开了“应用心理学”的实验班，希望帮助女人们根治心理上的疾病。

对他这种做法，医学界怀疑者居多，但结果却特别好，这个班开设18年来，有成千上万的人参加实验后“痊愈”了。有些病人到这个班上了好几年课，几乎像上教堂一样虔诚。我那个助手曾和一位上了九年而且很少缺课的女人聊过。她说，她刚来时深信自己有肾炎和心脏病，她非常忧虑、紧张，有时甚至突然看不见东西，于是她又害怕会双目失明。可现在她身体状况良好，说起来难以置信，虽然已经抱上了孙子，可她看上去只有四十多岁。

她说：“那时我几乎想一死了之，可我后来在这儿懂得了忧虑对人的害处，学会了怎样消除忧虑。我现在有资格说，我太幸福了！”

这个班的医药顾问罗丝·海芬廷医生认为，减轻忧虑最好的药就是“**跟你信任的人谈论你的问题**。”她说：“我们把这称作净化。病人到这里来的时候，可以尽量讲她们的问题，直到把这些问题完全赶出她们的脑子。一个人把忧愁闷在心里的时候会造成精神问题。我们可以让别人分担我们的难题，我们也可以分担别人的忧虑。**我们必须感觉到世界上还有人愿意听我们的话，也能够了解我们**。”

我的助手亲眼看到一位女性在说出她的烦恼之后，彻底放松了。她受到严重的家庭问题困扰，她刚刚开始谈起这些问题的时候，就像一个绷得紧紧的弹簧。随后一面讲，一面渐渐地平静下来了，等到谈完了之后，她居然面露微笑，那她的困难已经解决了吗？没有，当然没有。她之所以有这样的改变，是因为她在和别人谈过后，得到了一点点忠告和一点点同情。真正促成变化的，是强大的语言治疗功能。

就某个方面来说，心理分析就是以语言的治疗功能为基础的。从弗洛伊德时代开始，心理分析家就知道，只要一个病人能够说话——仅仅只要说出来。就能够解除她心中的忧虑。为什么呢？也许是因为说出来之后，我们就可以更深入地看问题，能够看到更好的解决方法。没有人知道解决问题的确切答案，可是我们所有的人都知道“吐露出来”或是“发发胸中的闷气”，就能立刻使人觉得畅快多了。

所以，下一次我们再碰到什么情感上的难题时，为什么不去找个人谈一谈呢？当然，我并不是说，随便到哪儿抓一个人，就把我们心里所有的苦水和牢骚说给他听，那样不合适。如果交谈的对方心怀不轨，可能会给我们造成意外的损失，尤其在现在这个时代，有些被公开的秘密或许会对一个人造成致命打击。

我们需要找一个值得信任的人，跟他约好一个时间。这个人也许是一个亲友，一个心理医生，一位律师……然后对那个人说：“我希望得到你的忠告。我希望你能听我谈谈我的问题，也许‘旁观者清’，你可以向我提供一个认识问题的新角度。当然，即使你做不到，只要你肯坐在那里听我谈谈这件事情，也等于帮了我很大的忙了。”

生活中烦恼不断的女人有很多，有的烦恼来自人际关系，有的来自家庭生活，有的来自孩子的教育，有的来自工作的困难……其实困难就像不受欢迎的最熟悉的客人，大多数人都会碰到它们。对这些女人来说，快速排解这些烦恼，会避免失望日积月累而走近绝望的边缘。

忧愁时，最好在一小时之内将烦恼全部抛弃。经济学家罗杰·巴勃森的方法也许值得一试。他说："每当我发现自己忧愁或沮丧时，**我能在一个小时之内忘掉全部烦恼，使自己变得高兴起来**。下面就是我的做法。"

"我走进书房，走向专放历史书籍的书架前，闭上眼睛，伸手取出一本书。我不管自己拿到的是普雷斯科特的《墨西哥征服史》，还是斯托尼所写的《恺撒传》，继续闭着眼睛，随便翻开一页，然后睁开眼睛，认真地阅读一个小时。之后，我常常获得一种顿悟：我们的时代再坏，还是要比以前好很多。这种信念让我能够正视自己的困境，并且加深了这个世界正在朝着更好的方向发展的信念。读历史，试着将自己的眼光扩展到1000年之远——从永恒的观点来看，你会发现自己的烦恼是多么微不足道。"

找一个最僻静的角落、最隐蔽的树洞，将心事缓缓诉说出来吧，然后用泥土静静尘封。这个树洞，也许是你最信任的人，也许是心理医生，也许是一本历史或者其他类型的书，哪怕是一个真的树洞也好。

把花费控制在预算内，生活将会更美好

赚钱除了满足自己的成就感之外，就是为了让自己生活得更好一点。

根据《妇女家庭月刊》所作的一项调查，人们百分之七十的烦恼都跟金钱有关。统计学家盖洛普·乔治说，他的研究显示，大部分人都相信，只要他们的收入增加百分之十，目前的财政困难就解决了。有时候确实如此，但更多例子却完全相反。我曾向预算专家爱尔希·史塔普里顿夫人请教过，她曾担任财政顾问多年，以个人指导员的身份为那些被金钱烦恼拖累的人做预算。她帮助过的人涵盖各个收入阶层，从搬运工到公司经理。史塔普里顿女士对我说："很多人多赚一点钱并不能感到快乐。收入增加也会让人头痛。让人心烦的并不是钱不够花，而是不知道怎么花。"事实上，有多少人把辛苦赚来的钱放入了别人的口袋中。

我自己也有缺钱的日子：我曾在密苏里田野的玉米地和谷仓做过每天十小时的劳力工作。我辛勤地工作，腰酸背痛。当时，做苦工并不是一小时一块钱的工资，也不是五毛，也不是十美分，那时所拿的是每小时五美分，每天工作十小时。我知道一连二十年住在一间没有浴室、没有自来水的屋子里是什么滋味；知道睡在一间零下十五度的冰冷房间中是什么滋味；知道为节省一点的路费走好几里地，把鞋底磨破的滋味；也知道在餐厅里点最

便宜的饭菜，以及把唯一的裤子压在床垫下的滋味——因为没钱交给洗衣店去洗。

然而，在那段时间，我仍想方设法从微薄的收入中省下几个钱，如果不省点钱，心里就不安。由于这段经历，我终于明白，**假如我们想避免金钱的烦恼，我们就必须和公司做预算那样，拟定一个花钱的计划，然后根据预算来花钱。**可惜，我们大多数人都不这样做。

利昂·西蒙金指出，人们在处理金钱时，会表现得格外盲目。他认识一位会计，这位女士在公司工作时，对数字特别精明，但等到她处理个人的金钱时却完全相反。假如她星期五中午拿到工资，她就会去逛街，看到喜欢的大衣，就毫不犹豫地买下来——从来不考虑房租、电费以及所有各项支出，都要靠这些工资来支付，总是将领来的工资全部花光。然而这位女士却知道，假如她所服务的那家公司以这种贪图享受的方式来经营，公司肯定会破产。

大部分人看不清楚的是，**理财相当于在为自己经营事业。**只有养成计划花钱的习惯，才能最大限度地避免金钱的浪费。而应该怎么理财，实际上也确实是自己的事，别人帮不到你。

但现在，我可以向你提供一些最简单，同时也是最实用的理财建议。

1. 把需要花钱的项目记在纸上。

亚诺·贝内特五十年前去了伦敦，立志当一名小说家。当时他很穷，生活压力极大，所以他把每一分钱的用途都记录下来。他十分欣赏这个方法，并保持这一习惯，甚至在他成为世界著名的富豪作家，拥有私人游艇之后，还保持着这个习惯。连超级富翁约翰·洛克菲勒也有这种账本。他天天晚上睡觉之前，总要把每分钱花到哪儿了弄个一清二楚，然后才肯上床睡觉。

没有理财习惯的女士们，我们也可以拿个本子开始记录自己的支出，当然不需要记录一辈子。预算专家建议我们，至少在最初一个月（最好作三个月）把我们所花的每一分钱一一记录下来。这只是为我们提供一个正确的思路，提醒我们知道钱花到哪儿了，然后我们就可以根据这些进行自己的财务预算了。

2，预算必须按照各人的需要来拟定。

假设有两个家庭比邻而居，住同样的屋子，同样的郊区，家里孩子数量一样，收入也一样，但他们的预算需要却可以完全不一样。为什么？由于人性是各不相同的。

预算的意义，并不是要把所有的乐趣从生活中抹杀，真正的意义在于给我们物质安全感，从很多情况来说，物质安全感就是精神安全感和避免担忧。预算怎么进行呢？首先，必须把所有的开支列出一张表，然后要求指导。大城市中的大银行都有专家顾问，他们将乐于和你讨论你的财务题目，并帮你拟定一项预算。

3. 学习如何聪明地花钱，学习如何使你的金钱获得最高价值。

所有制订预算的公司，都设有专门的采购员，他们只会想方设法替公司买到最公道的东西，这样的做法没有超支的可能。你我何不也让自己做自己的采购员？学会在预算范围内只买性价比最高的东西？

4．不要因你的收入而增加头痛。

史塔普里顿女士告诉我，她最害怕为中产阶级家庭作预算。我问她为什么。她说："许多家庭经过多年的奋斗才过上中产阶级的生活。一旦达到这一标准，他们就自认为获得了成功，于是开始大肆铺张：买豪宅，买新车，添置新家具和奢侈品……然而一不小心就把钱花光了。他们实际上比以前更不快乐——因为他们多赚的赶不上他们多花的。"换句话说，挥霍只是让你赚来的钱跑进了别人的口袋而已，我们何苦做这样得不偿失的事情呢？

每个人都希望获得更高的生活享受，这是理所当然的，但从长远目标来看，究竟是哪种方式能给我们带来持久的幸福？将花费控制在预算内生活，把生活过得更好一点，还是让账单塞满你的邮箱，让债主整天拨打你的电话呢？

女神箴言

DALE CARNEGIE

一个不注意小事情的人，永远不会成就大事业。

*

我们向往着天边有座奇妙的玫瑰园，却从不注意欣赏今天就开放在窗口的玫瑰。

*

我们都拥有自己不了解的能力和机会，都有可能做到未曾梦想的事情。

*

不公正的批评通常是一种伪装的恭维。记住，没有人会踢一条死狗。

*

我们以生活的一部分来进行价值交换，付出太多的话，就是傻子。

*

烦恼的事最好在散步时把它忘掉，你不妨试试看，一切烦恼都会像长了翅膀一样飞走了。

DALE CARNEGIE

L o v e l y R i t a

第 3 章

女神气场：让爱情和婚姻变成你所希望的样子

我们可以忘记这世间的一切，
却不能忘了爱情。
爱情很美好，
请相信爱情。
如果连爱情都不相信，
那人生岂不太苦了？

在不安的世界里安静地活

不想在命运中跌跌撞撞，只有用一颗平静之心来面对不安世界里的各种纷扰，坚守自己的信念。

一个人，要有多么宁静平和的心，才能任世事纷扰而独自岿然不动？一个人，要多么坚强，才能坦然面对人生中的起伏悲喜？我们是在四季轮回中选择随风起伏沉沦，在命运的风起云涌中因为没有心锚而跌跌撞撞，还是用一颗了解、理解的平静之心来面对不安世界里的各种纷扰，坚守自己的信念呢？

漂亮迷人的珍恩·卡莱尔是个富家千金，还是个非常有才华的诗人。当她和托马斯·卡莱尔结婚时，所有的人都觉得她葬送了自己的幸福——她完全可以找一个条件更好的丈夫。尽管托马斯·卡莱尔非常聪明——这也是他看起来的唯一优点，至于他的缺点，简直是一大堆：不懂得上流社会的礼节，不懂得待人接物，脾气也不肯随和，他是个穷小子，也看不出有什么光明前途和有权势的亲戚。可现在，珍恩·卡莱尔和她那冷峻严厉的丈夫的婚姻，已经成为了一个爱情传奇。

珍恩陪着自己的丈夫一步步走向成功，陪着他写出《法国革命》《克伦威尔的一生》等重量级著作，又看着他当上了爱丁堡大学的校长，成为被伦敦人尊敬的大师，现在，当代文学天才经常在他们位于敦刻尔克的家里聚会。

这一切并不全是所谓命运的安排，当年珍恩·卡莱尔结婚后，为了有更多的时间帮助丈夫，为了丈夫能够不受干扰地创作，他们离开了繁华都市，离开了亲朋好友，来到一个与世隔绝的苏格兰安静乡村。在这里她自己操持家务，照顾丈夫，不仅治好了他的慢性胃病，并且清除了他长久以来的消沉情绪，曾经的富家千金，现在和一个勤俭的家庭主妇没有两样。

接着，卡莱尔的作品一部部出现，慢慢引起了思想界的注意，有很多欣赏卡莱尔才华的人开始和他们交往，其中不乏漂亮的女人。但是珍恩清楚崇拜和拥有两者的区别，也对丈夫有足够的尊重和自信。而在珍恩·卡莱尔所有的美德中，最难得的是：**她从未想过要去改变对方的个性**。

她写过一封非常有名的信，上面这样写道："我不鼓励每个人都变成同一种类型，事实上这也办不到。我的做法是，用粉笔画个圈圈，告诉圈里的人，你尽量发挥出自己独特的个性，但前提是，不能跨出圈子。"

也许，有的女士会认为，改善卡莱尔先生不随和的个性，对他只有好处，尤其对人际交往上更是如此。但珍恩宁愿尊重卡莱尔先生真实的一面，并希望世上的人都能够接受，每个人的个性不尽相同，因此珍恩并不多加干涉。

怎样可以了解一个男人的能力是大是小，是帮助男人看清自身的能力，还是推动他去做超出能力范围的事，往往都要由他身边的女人来决定。珍恩·卡莱尔就很明白，卡莱尔先生是个很有智慧的人，所以她能够尊重卡莱尔直爽固执的个性，只是限定好他的“粉笔圈圈”，并不想将他改造成一个彬彬有礼的社交专家。

世界充满了欲望和不安，许多人深陷在这些欲望的陷阱中，并不是所有人都能像珍恩那样，在不安的世界里安静地活，也不是每一个妻子都这么了解丈夫。许多男性活得十分痛苦，究其根源大都是因为有一个野心太大的妻子，常常被她们逼着去做超出自己能力的事。本来，有很多在基础职位上的人工作得很称职、很快乐，如果强迫他们去争取高端职位，只会增加他们的烦恼，从而患上各种疾病，甚至提前进入坟墓，因为他们的神经系统承受不了过多的责任和压力。

奥里森·史维特·马登说：“做一个一流的砖瓦匠，也比其他行业的二流人物好得多。”**成功就是将适合我们性格、心理和能力的工作做到最好。**

大自然创造出的人类形形色色，并不是每一个都能成为将军或董事长。但是，由于社会将拥有大头衔的人的名声过于夸大，误导了人们，觉得那些满足于低职位的人都没有上进心。他们的妻子意识到这种情形，就会提出不合理的要求，认为不论从社会上还是从经济上来看，他都应该像天才一样超过邻居、朋友的地位和收入。

你们有谁能因为想得多而长高了呢？没人能做到。然而，有许多太太还是认为她们能够做得到，因此悲剧仍然在继续上演。

有这样一个女人，和丈夫结婚以后，她就一直努力想使自己的丈夫成为白领，直到现在已经有二十年了。她的丈夫本来是个熟练的水管工，而且很喜欢自己的工作。但是，当她看到朋友们的丈夫上班时拎着公文包——哪怕里面空空如也，自己的丈夫却拿着盒饭上班——尽管里面装满了最好的饭菜，她就觉得很羞耻，于是开始向丈夫提出换工作的要求。

为了不听太太的整日唠叨，这个可怜的家伙进了一家大公司当抄写员，现在他的双手已经拿着笔杆，而不是螺丝刀了。他的太太这才觉得能够抬起头做人，一有时间就告诉自己的朋友，她是如何将自己的丈夫从蓝领阶层里拯救出来的；幸亏听了她这个想法，丈夫才能有点成就……这些年来，尽管困难重重，他还是尽力晋升了好几级，薪水大大提高了，从前当水管工人的收入是没法与之相比的。但现在的他，是个对工作极端厌烦的普通文书，得不到任何生活乐趣，一张死气沉沉的脸上写满了绝望两个字。

为了高薪，逼迫一个人放弃他喜爱的职业去屈就不感兴趣的工作，甚至让他硬着头皮离开合适的工作岗位被迫升职，有时候也是一件不幸的事。所以有时候，**必须具备很大的勇气，才能在这个不安的世界里，守住自己安静的内心。**

因为看到了太多成功的人，所以人们会想着模仿别人，希望能够得到同样的认可，从来不正视自己究竟需要什么。殊不知，只会一味跟在别人身后走的人，走得再好，也不过是在重复别人的路，而且，每一个成功都是不可复制的，没有两个人会踏入同一条河流。盲从，只会在不知不觉中让属于自己的那条路上杂草丛生。

世界已经很不安，与其勉强别人，不如尊重一个人的本性；与其在不合适的环境中焦虑、痛苦，不如过自己喜欢的日子，安安静静过好自己的人生。

爱，因为懂得所以发生

阳光下开满了花，请你细听我等待的热情。当你终于无视地走过，在你身后落了一地的，是我凋零的心。

男人最希望女人在他们面前表现出的品质是什么？在第二次世界大战结束之后，有人对军队中的士兵进行过一次调查：“你希望从婚姻中得到什么？”这些身穿帅气制服，周游过世界的小伙子们，几乎不假思索地给出了答案。答案不是魅力，不是兴奋，而是朴实老套的“舒适”。这也许与很多女孩认为男人所在意的不同，但是，姑娘们，你以为的可能只是你所以为的，“舒适”正是男性想要的。很明显，在男性看来，一斤“舒适”超过一斤“魅力”或“才华”的价值。

洛杉矶家庭关系研究会的主任鲍宾诺说：大多数的男人在找妻子时，不是去寻找一个有经验、有才干的女子，而是在找一个长得漂亮，会奉承他，能满足他优越感的女人。所以就有这样的故事：一位担任经理的未婚女士，被男士邀去一起吃饭。这位女经理在餐桌上，很自然地聊到她的高学历、渊博的学识和成功的事业。饭后，这位女经理坚持要独自埋单，结果，她落了个再也没有男人来邀请她吃饭的结果。反过来，一个没进过大学的女士，被一位男士邀去吃饭时，她会热情地注视着邀请她的男人，带着仰慕的神情说："你讲的笑话太有趣了……你再说一个吧！"结果呢？这位男士会告诉别人说："她虽然不十分漂亮，可是她让我觉得很舒服，我从没遇到过比她更会说话的人了！"

男士们总是赞赏某位女人多漂亮，形象多美丽可爱，这也是从他们所认为的舒适角度出发得出的结论。实际上如果他们稍微留意，就会发现每个女人都会重视穿衣打扮，而且在这一点上女士要比男士认真得多。如果，有一对男女在街上遇到了另外一对男女，女士往往很少注意到对面走过来的男士有多英俊潇洒，而她们总是会仔细看看，对面那个女子穿了件什么衣服。

几年前，我的祖母以九十八岁的高龄去世，她去世前不久，我们拿了一张她自己很久以前的相片给她看。老祖母已经两眼昏花，她吃力地问："相片上我穿了件什么衣服？"一个卧床不起的高龄老太太，甚至已经认不出自己的女儿，可她还想知道这张老相片上，她穿的是什么衣服。老祖母提出这个问题时，我就在她床边，这一幕给我留下了一个很深很深的印象。

男士们或许不会记得，五年前自己穿过什么外衣，哪一种衬衫……其实，男士们也没有丝毫的兴趣去记它，男士们对衣着的概念仅仅局限于自己看着顺眼不顺眼罢了，事实上，只有女人才会真正注意女人的衣着。

现在我问下一个问题：女人最希望男人在他们面前表现出的品质是什么？关于这个问题，我想先讲一个可笑的故事：有一个农庄的女厨子，在开饭的时候，在几个男工面前的盘子里都放上一堆草。那些男工问她是不是疯了，那女的回答说："哦！我还以为你们不会注意盘子里放的是什么呢！我替你们做了二十多年的饭，那么长的时间里，我从没有听到一句关于食物的谈论，会让我知道你们吃的不是草！”

是的，**赞美，发自内心的赞美，而不是熟视无睹的漠视**，正是很多女性所重视的答案。

沙俄时代的莫斯科和圣彼得堡，上流社会的贵族们很注重礼貌。当他们吃过一桌可口的饭菜后，一定要请主人把厨房大师傅叫到外面的餐厅，接受他们的赞美。但是在家庭里，男人们却很少赞美妻子的手艺，即使妻子把一盘鸡烧得再美味可口，他们也不会好好夸一夸，所以，女士分不出他们是不是就像吃了一盘草。但是，有了赞美肯定会完全不一样了。

迪斯雷利是英国一位极负声誉的大政治家，人们都知道，他也毫不隐藏地想让人们都知道：他得到了妻子很多帮助。迪斯雷利的妻子玛丽安是一位比他大15岁的寡妇，既不聪明也不漂亮，他们结婚时，她的头发甚至已经斑白。但是她有将家庭经营得轻松快乐的非凡才干，每天晚上，迪斯雷利从议院回来，无论狼狈还是疲惫，玛丽安都从来不嘲笑他、责备他，而是立刻让他睡个安稳觉，凡是迪斯雷利下决心去做的事，玛丽安总是他最坚定的支持者。迪斯雷利始终很感激他的妻子，并且处处赞美妻子，维护妻子的尊严，甚至跑到维多利亚女王那里，替妻子讨了个比康斯菲尔德子爵夫人的封号。在女人看来，像迪斯雷利这样发自内心感激妻子的才干，而不仅仅在意女人容貌和时尚感的男人，才是真懂得欣赏女人的男人。

有一天，我在杂志上看到对好莱坞著名喜剧明星埃迪·坎特的访问，上面这样写道："在全世界所有的人中，我太太对我的帮助最多。她和我青梅竹马，她一直鼓励我勇往直前。我们结婚后，她把每一块钱节省下来，投资再投资，替我积累了一笔财产。现在我们有五个可爱的孩子，她为我经营了一个甜蜜的家，我如果有任何的成就，要完全归功于我的太太。现在，我想让她随时随地听到我由衷的赞美，我想让妻子感受到我的欣赏和赞美是那么真诚，实际上，有那样一种出自内心的欣赏和热爱，也让我感到很快乐。"

男士要保持家庭的美满快乐，最重要的就是：发现妻子的种种美好，并给予真诚的欣赏。而女士们的爱，必会因为懂得，所以发生。

而女人如何与男人相处，则实在很难变成一个简单正确的公式来让人遵循。这是因为每个人的见识、个性都不一样。但是，我希望，至少双方之间能进行一些必要的了解。为了建立一个更美好的世界，男女双方应彼此携手，以爱和友谊来共同达成这样的理想天地。

你若温柔，必有力量

如果一个女人对谁都笑意盈盈，而且处理问题时懂得委婉和谦让，那么她将成为众人眼中最有魅力的女人。

几年前，我和妻子桃乐丝一起去欧洲旅行时，参观了一场柔道比赛，这是一种从日本传过来的搏击术。与其他搏击比赛不一样，柔道选手之间没有那种激烈的较量。相反，参赛者往往对对手的攻击采取忍让态度，接着再伺机发动反攻。当时陪同我们的还有一位查尔斯·迪克勒先生，他对东方文化有着浓厚的兴趣。他告诉我，柔道的发源地是在古老的中国，而中国人是用“以柔克刚”来形容这种方法的，这种方法至今被许多中国人所推崇。

旅途中，我和桃乐丝一直在讨论着柔道。突然，桃乐丝说：“如果我们在与别人相处时也能做到‘以柔克刚’的话，那么一定可以避免很多麻烦。”桃乐丝的话提醒了我。的确，我们为什么不能在日常生活中运用这一原理呢？如果女士们真的能够做到“以柔克刚”的话，相信一定可以让你们会成为最受欢迎的人。

加州心理学教授斯科尔·塔克拉曾经说：“即使一个人的脾气再坏，当他遇到一个和蔼可亲、笑容满面的人时也很难发作。很多人不明白这个道理，当面对麻烦时，他们往往采取硬碰硬的方法来解决。我们先不谈这种方式能不能解决问题，但它一定会让你的形象在别人的心中大打折扣。”

我一直都认为，**除了外貌、气质以外，温柔的处事方法是最能体现女士们魅力的地方**。我想，没有一个人会把一个斤斤计较、绝不退让的女人与“魅力”一词联系起来。和这种女人相处都是一件很头疼的事，更别说是喜欢她、赞赏她。相反，如果一个女人对谁都笑意盈盈，而且处理问题时懂得委婉和谦让，那么她将成为众人眼中最有魅力的女人。

以前，我在密苏里州居住的时候，有位沙妮娜女士是我的邻居，所有的人都非常喜欢她，还把她称为“最讨人喜欢的太太”。那时候我还很小，对于如何处理人际关系没有一点概念，但在我的印象中，沙妮娜太太从来没有和谁发过火，也没有与谁争吵过。

记得有一次，附近农场的猪跑了出来，把她家种的蔬菜全都啃了个遍，而且还撞坏了篱笆。可以看得出，当时沙妮娜太太非常伤心，因为那些猪影响了她整个季节的收获。猪的主人感到很不好意思，就上门向沙妮娜太太道歉，并表示愿意赔偿一切损失。可是，沙妮娜太太没有要他赔偿，只是接受了他的道歉，并且还告诉他不要把这件事放在心上。老实说，当时我真是替沙妮娜太太鸣不平，因为只用金钱是不可能来弥补她的损失的。不过，我清楚地记得，从那以后，那家农场的主人和沙妮娜太太成为了非常要好的朋友。

直到今天我才明白，沙妮娜女士这种做法是非常值得赞赏的。试想一下，如果当时沙妮娜太太和农场主大吵大闹的话，情形将会怎样呢？我想，那个人很可能会恼羞成怒，与沙妮娜对峙起来。他会强调说，猪跑出来是谁都不想的事，而且他也不是故意这么做的；而沙妮娜太太则会强调不管怎样，他的猪已经给她造成了损失。那么，结果很可能就会演变成一场可怕的争吵。

有些女士可能会说："卡耐基，你所说的这一切不过是一种处世的技巧罢了，你这种做法是以牺牲我们的利益为前提的，而我们又能得到什么呢？而且，如果这样做，肯定会有人把我们的这种做法看成软弱的。"

女士们，这种担忧虽然有一定的道理，但我却认为这种担忧是多余的。几天前，我和桃乐丝回到密苏里，参加了这位夫人的葬礼。当时，很多人都来了，有一些还是从很远的地方赶过来的。沙妮娜太太墓碑上的祭文是这样写的："这里躺着的是世界上最温柔的女人，她的风度以及宽容让所有的人都为之折服。"这就是大家对沙妮娜太太的评价。如果女士们想成为一个有魅力的人，那么你们不妨用"柔道"去打动对方。

英国人际关系学家卡斯·卢卡泽说："最成功的女人就是那些能够运用巧妙的方法让别人接受自己，获得别人的好感，让别人感受到她们魅力的人。我承认，得体的衣着、迷人的气质都是成为一个魅力女人的必备条件。然而，我个人认为，懂得温柔的处世方法却是最重要的。"

一个懂得"以柔克刚"的女人，或者说一位充满温柔力量的女人，首先就要是一个会微笑的女人，因为微笑是打开对方心灵的一把钥匙。事实上，**所谓"柔道"就是以最温和的方式打动对**

方。曾经有一位诗人说："微笑是世界上最有魅力的表情，能让所有人都感受到温暖。"

而最能体现女性温柔的，莫过于你说话的声音。当然，我所说的并不只是轻声说话，而是一种传达内心柔情的方法。如果女士们能够做到这一点，再配上微笑的脸庞，那么相信没有人会不被你的魅力所折服。

不与人发生争吵则是温柔女人的杀手锏。争吵是最愚蠢、最无能的一种方式，所以不管女士们遇到什么问题，都不要为了逞一时之快而失了风度。

至于说最后一点，那就是你们所需要学习的技巧，都是有关如何巧妙地解决问题的方法。女士们只需要把握一个原则，用最省力、代价最小的方式解决问题，这才是"柔道"的真谛。

沉默不能给你带来太多

能得到爱也是一种能力，沉默并不能给你带来太多。有些话不说，以后就没有机会说了。

诉说和自由使陌生的人互相接近，沉默却使熟悉的人变得疏远。很多相处已久的男女朋友，明明想人陪，却想：他一定知道，于是装作沉默，实际上却在等待惊喜，这样的做法，很容易只换来失望。其实，沟通是一辈子的事情，虽然有些话，不说为好，但是，也有一些话，还是早说的好。两个人可以讨论的事情，千万不要表现得太过沉默。

克瑞斯塔尔和一位很不错的男人分手了，事情的起因只是一件衣服而已。原来，男人有个工作机会到巴黎出差，得知这一消息的瞬间，克瑞斯塔尔心花怒放。她默默地想，一向体贴的他一定会想着为自己挑选几件新潮衣服吧！直到飞机飞入了云层，克瑞斯塔尔还在暗暗猜测：他会带回来什么颜色的衣服？苹果色、橘子色还是香蕉色？

期盼的日子总是过得很慢，只是，克瑞斯塔尔期盼中的果色含香的衣服还挂在巴黎的玻璃橱窗里呢！归来的男人一脸懵懂："衣服？你没让我买啊！再说，我不知道你到底喜欢什么样的款式和颜色，青苹果？红苹果？绿橘子？金橘子？还是黄香蕉？白兰瓜？让我怎么带呢？”克瑞斯塔尔感到十分失望：“其实衣服的款式或者颜色我并不在乎，我在乎的是有没有牵挂我的爱心，爱心才是最重要的颜色！”克瑞斯塔尔终于离开了那个男人。

芝加哥法官塞巴斯蒂安曾经处理过四万件和婚姻有关的案件，同时调解过两千对夫妇，他曾这样说过：“婚姻快不快乐，往往都是因为一些小事。小事的力量不容小看，简单举个例子，上班时和对方说再见的人，往往不容易离婚。”**人与人的相处中，只有细节，没有小事**，注意细节往往会让人感觉：你常想念着她，你希望她快乐。特别对女性来说，她们感觉礼物更代表一份关心。

年轻英俊的亚瑟王在战斗中被俘，敌人对他说，如果他能回答出一个难题，便可以重获自由。这个问题就是：女人真正想要的是什么？亚瑟王向身边的每一个男人询问，但总是得不到一个满意的答案。他只得付出巨大的代价，去询问一位强大的女巫，才得知：**女人真正想要的是主宰自己的命运**。每个人都感觉女巫说出了一条伟大的真理，于是亚瑟王自由了。但女巫说出的只是表面的现象，真正的答案其实藏在这个答案之后，那就是，**爱**。

因为希望被人爱，希望得到爱，希望获得那种渗透着温暖或炽热的情感，所以女人总是将爱寄托在他人的身上。一旦事情不是自己想要的样子，女人的表现就容易被误解为“挑剔”“严苛”“无理取闹”，不只是爱情，甚至是友情、亲情都是这个样子。

但是与女人的这种间接感受相反的是男人的思维。他们习惯于直接交流：

“我想凭我的业绩可以加薪了。”

“我希望下一季度的工作，你不要表现得这么差。”

“我希望你以后不要穿得这么暴露（看起别的女人他可是目不转睛的），我感觉很不舒服。”

女人习惯于含蓄，遇到事情不习惯直接说出来，男人经过了恋爱时的小心翼翼，到了婚姻状态总会松弛下来，变得毫无情趣，所以终会有一天，女人忍无可忍地大发雷霆：“你为什么不在乎我！”

是真的不在乎吗？其实，达不到对方的要求，很大程度上并不是爱不爱的问题，而是能力的问题。因为大家的能力都有限，就算再了解对方，也会有力不从心或疏忽的时候，女人们如果换种方式，把你的需要直接说出来，效果反而会好很多。

霍勒伦的孩子14个月大的时候，著名的脸谱网向她发出了一份很不错的工作邀请。刚接到邀请时霍勒伦很犹豫，因为这份工作是全职，而且会有出差的时候，如果丈夫不分担家务帮忙照顾孩子，她可能就丧失了这个好机会。经过思考后，霍勒伦决定和丈夫安迪一起讨论这件事情。讨论的结果是：安迪认为霍勒伦应该抓住这次机会，而他调整了自己的工作时间，早晚由安迪负责去接送孩子，而且在霍勒伦出差的时候他会整天在家照顾孩子——事情得到了完美的解决。

你们可以遇事商量，如果他满足不了你的期待，你可以选择体谅他，但是不能不说出你的期待或者想法，也不能只用暗示的方法让他先开口，更不能没有商量，就为对方找借口，放弃自己可能得到的东西。如果你不说，他就不会知道你到底想要什么，更不会神奇地会帮你想到，大多数男人只是凡人。

别再犹豫了，主动对他说出你的需要，也许是一套新家具，也许是一次旅行，或者是你想要生个孩子。我这样告诉你，并不是在为男人的粗心大意找借口，更不是让你借机主宰对方。如果你只是以自己的喜好去主宰对方，却不去考虑对方的接受程度，那么同样得不到满意的结果。如果当你尊重别人、理解别人时，得到的往往会更多。

请你能说出你的心愿，看他愿不愿意为你完成，能得到爱也是一种能力，沉默并不能给你带来太多。

让对方变成你期望的样子

希望是一种伟大的精神，一个人只有给别人希望，才能真正为自己带来希望。

好丈夫可以说是好妻子培养出来的。这不是说女性依附于男性，才能体现最好的生存价值，而是，希望是一种伟大的精神，一个人只有给别人希望，才能真正为自己带来希望。英国政治家查士德·费尔爵士的调查表明：每个男性都拥有两个自我——真正的自己和理想中的自己。比如说，一个男性如果非常害羞，他就希望自己更勇敢些；如果他并不太受欢迎，那就会希望自己被大家喜爱；如果他信心不足，就会渴望拥有大无畏的精神。女人所能变的最大戏法是把对方变成自己期望的样子，方法其实并不难，那就是：就是不要过分挑剔；不要经常与别人对比；用温和、耐心加以鼓励和赞赏，使对方对自己充满信心，尽力帮助他成为他理想中的样子。

情感专家玛乔力·霍姆斯这样对我说：“当男人听到女人诸如‘你真是了不起’‘我为你感到骄傲’‘我能拥有你真是幸福’的赞美，几乎所有的人都会觉得心花怒放。”许多成功的男性中，除了小部分拥有特别的天赋之外，更多原本普通的人用各自的经历充分证明了这种说法。

派克斯先生是派克斯货运和装备公司的总裁，他在写给我的信中说：“我深信，一个男人不仅可以变成自己理想中的样子，也能够变成妻子所期望的样子。我面试过许多人，但是我必须和他们的太太谈话以后，才能够决定是否把一个管理者的职位交给他。一个男人在事业上的成就往往取决于妻子的生活态度，以及她鼓舞丈夫的程度。我自己就是一个很好的例子。”

派克斯太太原本是个富家小姐，嫁给派克斯先生之前，过着非常优裕的生活，几乎是要什么有什么，她本人也受过良好的教育，是个十分幸福的小女子。而派克斯呢，既没有钱，也没有受过高等教育，除了妻子对他的信任和自己想闯天下的欲望之外，简直一无所有。

他们结婚的头几年生活非常艰苦，面对不断的失败与挫折，派克斯太太不但从不抱怨，还不断地鼓励派克斯。在正向的激励下，现在派克斯的事业取得了成功，他认为这一切完全要归功于妻子的鼓励和支持。这几年，派克斯太太的身体一直不太好，但是她仍然很活泼开朗。每天早上当派克斯离开家时，她总会问，亲爱的，今天有什么事情需要我去办吗？晚上派克斯回来，她就要听他讲述这一天的故事。妻子念念不忘地要帮助派克斯，让派克斯感觉到自己要加倍努力，才不会令她失望。

但是，有些女人的做法和派克斯太太完全相反。她们一心想让生活成为自己理想中的样子——比别人更富有，有更豪华的新车和新衣服，各种夸富炫耀，完全不考虑丈夫本身的能力，让丈夫深陷债务危机中，结果她们的丈夫就永远不会达到令人满意的成果。

一味的要求和刺激不能使任何人进步，最好的方法是鼓励和欣赏。那么我们应该怎样鼓励，才能让一个人成为他理想中的样子呢？那就是，**找出对方的才华，然后给予赞赏和鼓励**。当对方信心不足的时候，找出他以前做过的有勇气的事情，比如："记得那一次为了减少部门的浪费情况，你对老板的提议吗？这件事需要极大的勇气，而你做到了！真是不简单。"听了这样的话，就算多么懦弱的人，也会继续努力。如果有个女人肯定他的能干，他甚至还会觉得，自己的表现也许能够更勇敢一些——最后他就真会这样去做了。

作为有本事的女人，必须给对方一些聪明的指导，永远别对丈夫说"你不行，你失败了""你从来都不会为自己争取，我都怀疑你敢不敢对一只猫说一个'哼'字！"这种话又会达到什么效果呢？尤其是他的野心实际上比向一只猫说一声'哼'更大的话。

玛格丽特·卡金·芭宁发表在《四海》杂志上的文章说："如果他确实不行，他的老板会毫不留情地告诉他。但是在家里我们要鼓励他：只要努力，人人都会成功。一个对丈夫说'你太失败了'的妻子，只会让丈夫失败得更快。"

这绝不是危言耸听。一个女人明智的言语，确实可以让男人重树信心。汤姆·乔斯敦是个退伍军人，他在战争中负了伤，不仅瘸了一条腿，还留下了满身的疤痕。还好，这些伤疤不妨碍他继续游泳。他出院后不久的一个星期天，他和太太到海滩度假。乔斯敦先生在沙滩上享受日光浴时，很快发现大家都用异样的眼光注视着自己。他瞬间明白了，是伤痕累累的腿惹的麻烦，他忽然感觉十分自卑、十分难受。

于是，在乔斯敦太太提议下个星期天再去海滩度假的时候，被汤姆拒绝了。他不愿意出门，宁愿留在家里。太太明白了他的心思，她很坦率地说：“汤姆，我知道你为什么不想出去，腿上的疤痕让你烦恼了是吗？”

乔斯敦先生说：“我承认她的话很对。接下来她又说了一些话，让我心里充满了感动，简直今生都难以忘怀。她说：‘汤姆，你要记住，你是怎样光荣地在战场上赢得了这些伤疤，它们是你的勇气的徽章，不要羞于展现它们，你应该为此感到骄傲。现在我们一起出发去游泳吧。’”最终，他们高兴地出门了。

毫不夸张地说，历史上许多人由失败走向成功都要归功于赞赏的话语。再看看艾利·卡帕森这个杰出桥牌手的例子吧！我曾经访问过卡帕森先生，他说，刚到美国的时候，做任何事情都不顺利，他甚至怀疑自己是个最差劲的桥牌手。后来，他娶了约瑟芬·蒂伦——一位迷人的桥牌教师为妻，这才渐渐走出了低谷。因为约瑟芬使他相信自己很有潜力，是一个桥牌天才，目前的低谷只是必要的磨炼而已。妻子的这种鼓励终于使艾利在桥牌这条道路上坚持下来。

女士们，我们除了不甘心做一个等待别人赐福的人，完全可以做个赐福给别人的人，首先值得赐福的，就是你身边最亲近的人。发自内心的赞美和激励的确是一个有效的办法，能够使别人发挥出最大能力，也能给我们带来内心的满足。同时，给了别人希望的人，自己才会拥有更多的希望和未来。

你若不勇敢，谁替你坚强

放手去做自己喜欢的任何事情，哪怕做法非常冒险，即便遭到挫折，也毫不退缩，这样的女人，一定会成功。

我的祖父原本是堪萨斯州的一个农民，但他一直想要把家搬到偏远的泰里特利，想在那片未开垦的处女地上做出一番事业，只是一直没有足够的勇气搬离熟悉的家乡。我的祖母哈莉特表面上是个普通的家庭妇女，但骨子里不乏冒险精神。得知了祖父的想法后，她给予了丈夫莫大的支持，于是，他们带着孩子们举家搬迁。他们来到锡马龙河岸，在俄克拉荷马州的东北部安了新家。

在这个小乡村，也就是后来的杜尔沙市，祖父盖了一座简单的木屋，还在自己开垦的土地上围起一圈篱笆。不久，他还借钱开了一家小店。尽管祖母哈莉特身体很弱，还是照顾好了九个孩子。生活过得十分艰苦，她只能用旧报纸来糊木屋的墙壁，以免风灌进来。这里荒凉极了，没有医生，仅有的一所学校只有一间教室，但祖母从来没有过怨言。

他们的全部生活就是还债和艰难度日，以及熬过年复一年的寒冷冬天和炎热夏天。日子没办法和城市的人相比，但祖父终于成功地在这里开辟了自己的农场。哈莉特看着她的丈夫变成一个受人尊敬的居民，子女们也都成家立业。最终，泰里特利发展成为联邦政府的一个州。

可以说，联邦政府所有州的发展都离不开像我祖父这样的男人，因为他们有眼光，开拓了新的天地，同时也离不开像祖母哈莉特这样的女人，她们有敢于任性的冒险精神。她们不害怕面对艰险、困难和疾病。她们留给儿女的是一片辽阔的土地，毫不退却的决心以及百折不挠的勇气，这些都是巨大的财产。

一个具有进取心和创造心的人，一个能够抛弃安定生活的人，绝不会因为遇上困难而退缩。如果一个女人有像拓荒者的无畏精神，放手去做自己喜欢的任何事情，哪怕做法非常冒险，即便遭到挫折，也毫不退缩，这样的女人，一定会成功。

1888年，法国巴黎科学院主办了一期征文活动。在公认的科学价值最高的一篇文章里，有这样一句话：**“说自己知道的话，做自己应该做的事，成为自己想成为的人！”**作者是38岁的俄国女数学家苏菲·柯瓦列夫斯卡娅，她是斯德哥尔摩科学院的第一个女院士。

苏菲出身贵族，从小性格孤僻，但却是一名数学天才，她10岁就学完了高等数学的课程，14岁阅读了一本《物理学基础》，便能独立推导出其中的三角公式。随着时间的流逝，苏菲逐渐长大成人，她对数学的兴趣也与日俱增，她的才能甚至引起了著名数学教授的注意。但那时，俄国不允许女性进入高等学校学习。于是，苏菲勇敢地与一名年轻的古生物学家商量好，两人假装结婚，然后一起去德国的海德尔堡求学。但在那里，同样不让女性注册上学，她只被允许旁听。

求学心切的苏菲又前往柏林，但柏林大学同样不允许女性听课。她没有退缩，却另辟蹊径，勇敢地去拜访当时最有名的数学分析学家维尔斯特拉斯。这位严厉的教授没忍心赶走衣着土气却求知心切的苏亚，于是向苏菲提了一些椭圆方面的难题，这些问题在当时属于很新的领域，没想到苏菲的解答得很好，维尔斯特拉斯由此感觉到苏亚是一名数学天才，他破天荒地答应每个周日在家里给她单独讲课。

1874年，在维尔斯特拉斯的推荐下，24岁的苏菲获得德国一流学府哥廷根大学的博士学位，成为当时世界上屈指可数的女博士。

1883年奥德赛科学大会上，她以出色的研究成果作了报告，但当地报纸公然攻击道："一个女人当教授是有害的！"但苏菲无所畏惧，她成为斯德哥尔摩大学教授，还像男人一样走上讲台，以生动的课程，狠狠反击了社会上的偏见，并且赢得了学生的拥戴，成为当时数学界一枚璀璨的明珠。

只有自己才是自己命运的主人，不要让自己成为一个生活的观众，世界的看客或男人的附庸。人生最大的悲哀莫过于别人替自己选择，女人最大的悲哀莫过于让男人成为自己的主宰。只有自己驾驭自己的命运，才能做一个幸福独立的人，也才能拥有不一样的人生。

如果你认定自己一无所长，你便真的会庸庸碌碌地过一生。

如果你坚持拥有自己的独特，无论走到哪里，无论过程多么艰辛，得到什么结果，你都会赢得人生的尊重。

查尔斯·雷诺兹是俄克拉荷马州一家大型石油公司的财务总监，也曾经是我的上司。他的前途远大，绝对会步步高升。聪明伶俐的雷诺兹喜欢绘画，曾画了许多风景画挂在办公室的墙上，甚至会有人慕名来买他的画。雷诺兹先生对工作兢兢业业，但他渴望有更多的时间用在绘画上面。

新墨西哥州的欧斯城是艺术家的大本营，雷诺兹一直想放弃总监的工作，移居到那里进行创作。当他和太太露丝商量这件事时，露丝表现出了惊人的勇气，她马上说："没问题！我们可以将家里所有的东西卖掉，到那边开一家商店，专门出售绘画用品，比如画框什么的。我照顾店面，你专心画画。我想这事并不太难！"

由于有妻子的支持，查尔斯·雷诺兹辞掉了工作，带着妻子和三个小孩搬到欧斯城，一心一意绘画。看得出来，他们一家人都具有开创事业的精神，年轻的小查尔斯放学后经常到店里帮忙。

功夫不负有心人，查尔斯终于成为美国西南部最成功的画家之一。他办过全国巡回展览，还在许多画廊举办过个人画展。现在的查尔斯不仅是欧斯城画家协会的会长，而且还拥有了自己的画廊和画室——这都是由于他和妻子勇敢尝试的结果。其实，这种冒险成功的可能性非常高，海军陆战队司令范德格里夫特将军常常在开战前对他的军队说：**"上帝对那些勇敢而坚强的人总是偏爱一点。"**

能给一个人带来快乐的工作可能不是赚钱最多的，而是能够让内心得到真正满足的工作。成功的定义并不等于赚多少钱，开多豪华的车，过多舒服的日子。有本事的女人在精神上一定有足够的耐力，对自己对家人都有足够的自信，舍得放弃不感兴趣的工作，“任性”地从事热爱的事情。

幸福还是不幸，只取决于你自己

人生从来没有完美无瑕，但我们可以选择做一个韧性的女人，不耽于意气，不荒于自怜。

谁不想在自己最美的年华里，遇见最爱的人？在最合适的时间里，做自己最喜欢的事情？在回忆的余味悠长里，看到最留恋的那段时光？可生活，却总是以不完满的状态示人。所以，苛求绝对完美的心态与做法，不仅违背自然，也往往使我们离完美更远——生活本来没有完美无瑕，而幸福或不幸，完全取决于自己，我们可以选择做一个韧性的女人，不耽于意气，不荒于自怜。

托尔斯泰出身贵族家庭，经历丰富，思想深邃，是世界最著名的小说家之一，他那两部名著《战争与和平》和《安娜·卡列尼娜》在全世界读者的心中永远闪耀着光辉。托尔斯泰当时就是很多人的偶像，甚至有崇拜者整天追随在他的身边，将他所说的每一句话都记下来。即使他说了一句："我该去睡了！"也都给忠实地记录了下来。

托尔斯泰和他的夫人索菲亚生活看起来美满极了，他们有爱情，有财产，有社会地位，还有一群可爱的孩子。索菲亚不仅勤于操持家务，治理产业，而且还为托尔斯泰誊写过手稿，例如

《战争与和平》，她就抄过很多次。

但是后来，社会的迫害和动荡，托尔斯泰的思想发生了很大变化，他像是变成了另外一个人，他对社会秩序、信仰和家庭观念全部产生了否定的思想。他把剩余的生命，贡献到社会活动中。他把自己所有的土地给了别人，自己过着贫苦的生活。他去田间像个农民似的伐木、堆草，自己做鞋，自己扫屋子，用木碗盛饭吃。

妻子索菲亚越来越跟不上托尔斯泰的激进观念：托尔斯泰认为拥有财富和私产是一种罪恶；托尔斯泰坚持放弃他所有作品的出版权，不再收任何的稿费……

八十二岁的时候，托尔斯泰为了追求思想上的彻底解脱，在一个大雪纷飞的夜晚，他走出家门，奔向那无边的黑暗中。十一天后，托尔斯泰得了肺炎，倒在一个车站里，他临死前给妻子的遗书上说："年轻时候我爱上你，然后虽然渐渐冷淡，但对你的爱从未终止，直到今天还是这样……你我的精神走上不同的方向，这不全是你的错……我将离去。亲爱的，请不要痛苦。"

可见，即使是最美好的爱情，也不会十全十美。一段再美好的爱情，可能并不会有更美好的结束，其中的多变正是因为人性和社会的复杂。正视这一点，便不要对爱情有什么苛求。

有人说，林肯一生中最大的悲剧，不是他被刺杀，而是他受伤的婚姻。但林肯通往总统的路上，对他支持最大的，也是他的妻子。

林肯出身肯塔基的一个农民家庭，从4岁到21岁，林肯只上了一年学，可以说，他是在社会大学中受到的教育。而他的夫人玛丽，却出身于勒克斯顿的一个名门望族中，祖父是一位将军，父亲则是一名富有的银行家，姻亲遍布政界。在与玛丽结婚之前，林肯曾向一名朴实的女子安妮求过婚，但是遭到了拒绝。如果林肯当初娶了安妮为妻，他会过得十分幸福，但他不会成为美国总统；林肯娶了玛丽，虽然婚姻不很愉快，却结果成为了美国总统。

玛丽虽然出身显赫，在事业上和精神上给了林肯很大的帮助，但是她本人有傲慢、自以为是、尖刻和唠叨的缺点，让林肯疲惫不堪。她永远抱怨，永远批评她的丈夫，她认为林肯的事情没有一件是对的。她抱怨丈夫的脚步太生硬，动作不斯文……她坚持要他改变走路的样子。她不喜欢他的两只大耳朵，简直和脑袋构成了直角，她埋怨丈夫的鼻子不直，嘴唇太难看，手脚太大，偏偏脑袋又这么小……可以看出来，当一个人以偏概全，便会离幸福更加遥远。

虽然婚姻生活不是那么愉快，但是林肯清楚，生活中没有完美无瑕，他说过：一个暴躁的女人和一匹难驾驭的烈马，都需要耐心对待，无论对女人，还是对马。而事实上，林肯对待妻子总是像对待淘气的孩子那样，耐心宽厚不加计较。“生活就是允许对方一起生活”，从林肯的这句话上可以看出，他十分理解婚姻生活相互包容的要素。

所以，对未来充满信心，然后竭尽全力实现目标，才是婚姻中两个人最重要的事情。**两个人在一起设计未来是非常美妙有趣**

的，同时，在实现目标的过程中，两个人可以一起同甘共苦，品尝胜利与失望、成功与失败的不同滋味。

几年前，乡村音乐歌星吉恩·奥特里在艾逊广场花园开演唱会，当时他的演艺事业如日中天。有一天晚上，我去采访他，他的妻子依娜也在。中途休息时，我们决定一起去吃晚餐，但是在出口的地方被一群年轻小伙子挡住了去路——他们想要吉恩的签名，但是晚餐安排的时间非常短，我看了奥特里太太一眼，担心她会因此恼火。她看到我眼神里的疑问，笑着说："吉恩从不会对别人说'不'，特别是对年轻人。"于是吉恩高兴地和年轻人打招呼，为他们在节目单上签上自己的名字。

吉恩·奥特里之所以非常受欢迎，除了他热情的笑容和好听的歌曲外，他妻子的社交能力也功不可没。比起那些杂志、报纸等媒体上介绍的吉恩·奥特里，妻子依娜脱口而出的话语更能真实地反映出他的天性，这些都是他的热情、亲切和体贴的最好证明。

假如妻子想要帮助丈夫走向成功，首先应该清楚丈夫的想法。但是，有很多夫妻准备创业时，却发现他们的意见完全相反，这会导致两人陷入争执中，从而使事情半途而废。这个时候，你们不妨平心静气地谈谈，明确一个目标，然后共同努力。即便你的丈夫有自己明确的目标，在创业的过程中，你也可以加入他长期的计划中，共同努力。

女神箴言

DALE CARNEGIE

我们若已接受最坏的结果。就再不会有什么损失。

*

成功就是将适合我们性格、心理和能力的工作做到最好。

*

如果批评者知道我全部的错误，他的批评一定会比现在更严厉。

*

一个女性经过明智考虑后说的话，确实可以让男性对自己产生全新的看法。

*

许多不快乐的人认为，只要改变处境，他们就会快乐。其实未必这样，尽量从自己正在做的事情里获取快乐吧！

DALE CARNEGIE

Lovely Rita

第 4 章

内心强大：你的本事要配得上你的奢望

如果我们想要更多的玫瑰花，
就必须种植更多的玫瑰树。
不要小看自己所做的每一件事，
即便是最普通的事，
也应该全力以赴、
尽职尽责地去完成。

只有冷静的人，才能成就未来

不管发生什么事都要沉着，机会永远站在冷静的这一边，只有冷静的人，才能成就未来。

生活中总是有太多突如其来的事情发生，这时候，我们要做情绪的主人，只要沉着应对，冷静思考，就能带来克服困难的希望。一位农夫在整理草棚时，手表掉进草堆里。他翻遍了整个草堆，可还是找不到。无奈之下，那位农夫叫来几位在附近玩耍的孩子说：如果你们能帮我找到表，我就送给你们一盒巧克力！孩子们争先恐后找了半天，谁也没能找到，农夫失望极了。

农夫刚想放弃，一个小女孩却对他说，“我一个人来找找看吧。”无奈之下农夫答应了。这个小女孩没有像其他孩子那样在草堆里翻来翻去，而是静静地蹲在地上倾听。渐渐的，她隐约听到时针“滴答滴答”的声音，于是，小女孩顺着声音传来的位置去找，果然找到了那块表。

其实，在生活中，很多人遇到事情都像农夫一样，感到思维混乱，毫无办法。一旦遇到了棘手的问题，我们应该让自己冷静下来，把事情晾一晾再去处理。正如空调工程师维奇·卡贝尔所说的：“当我让自己接受这些事情之后，心里马上放松了，感受到内心平静下来，然后我才能正常思考。”尽管这个道理屡试不爽，但仍然有些人会让忧虑和愤怒摧毁了自己的生活。这些人冷静不下来，不敢接受最坏的情况，不愿意改变现状，也想不到尽可能从过错中挽救出一些有价值的东西。更有甚者，他们陷入自己想象出来的麻烦中，忧心忡忡，让自己成为情绪的牺牲品。只要静下心来，困难其实很容易被战胜。

我的培训班上曾经有个在纽约做经销汽油生意的学员，他告诉我说：卡耐基先生，我被人勒索了，以前我可从来不会相信有这种事情。我以为它只发生在电影里，从没想到现实生活中也会有，事实上，我就被人勒索了。事情的经过是这样的：

我们公司有好几辆运油的卡车，这些车分别配有专门司机。根据当时的《物价管理委员会条例》，我们卖给每位顾客的汽油是有数量限制的。可后来我发现，有些送油的司机经常克扣给顾客的油量，然后把自己偷偷留下来的油再私下里转卖给别人，从中赚取不义之财。

一天，一个自称政府调查员的人来找我，向我索要所谓“封口费”。他要钱的理由是：他掌握了我们公司司机徇私舞弊的罪证，如果我不答应他的要求，他就将这些罪证交给地方检察官。直到这个时候，我才知道有人背着我做这种勾当，我承认，当时我简直懵了。

“不做亏心事，不怕鬼敲门”，至少我本人没有干过这种偷偷摸摸的事，所以我问心无愧，但根据法律规定，公司必须为所雇佣的员工负责。我担心万一这件事被法院知道了，我的生意会因为这个坏名声而损。我很看重自己的事业，这是我父亲在24年前打下的江山，我不能让一切毁在我的手里，否则曾经令我骄傲的事业，将会成为我的噩梦。

我为此忧心忡忡，以致很快就病了，三天三夜寝食难安，一直担心被法院抓住把柄。我不知道是该给那个人5000美元的红包，还是对他的话置之不理。这两种想法整天在我的脑海里翻腾不已，我觉得头昏脑涨。

不久后的一个星期天晚上，我意外地看到一本书，名字是《如何不再忧虑》。这本小书是我听卡耐基公开演说时领到的。我开始翻阅，看到了维奇·卡贝尔的故事，这里面介绍了遇到问题怎样冷处理，怎样让自己的情绪冷静下来。

我记得威廉·詹姆斯教授曾说过："接受既成事实，是克服随之而来的任何不幸的第一步。"我想，如果我不受他的威胁，那么最坏的结果就是：我的事业将蒙上一层阴影，但至少我不会因此坐牢，最坏的结果无非如此。

我就对自己说：就这样吧，即使生意没了，我至少还能接受这样的结果。接下来还会发生什么呢？

那就是，我不得不去找份工作，但这也不见得是一件多么糟糕的事情。凭着我对石油知识的掌握，是不愁没饭吃的，几家大公司可能都会很乐意聘用我的。想到这一层，我心里好受多了，我的担心也一点点变淡，情绪逐渐稳定下来。最让我想不到的是，这时我反而有了清晰的思维能力，又能跟平常一样思考了。

我想，这件事既然发生了，那现在应该考虑的是如何尽可能降低损失。想通了前面的事，剩下的问题就是解决问题了。我想，如果我把我目前的情况告诉我的律师，他也许能为我推荐一种好对策。你听到这里可能会笑，怎么一开始没想到找律师解决问题呢？说实话，这件事刚发生那几天里，我的脑子里除了忧虑和担心就放不下别的，根本没有正常的思维能力。现在，我又能正常思考了，于是我马上决定第二天一早就去见我的律师。看完这本书，这天晚上我睡得很踏实。

你一定很想知道事情的结果，说来也许你不相信——律师建议我第二天一早就去地方检察官那里，如实告诉他事情的来龙去脉。我听从了他的意见，并照做了。检察官听完后，出乎意料，他告诉我，这几个月这种勒索案已经发生好几起了，那个自称是“政府调查员”的人实际上是警方通缉的罪犯。当律师告诉我这个结果时，我无法用言语来表达自己的喜悦。回想我不知道是否该给那家伙5000美元的红包时寝食不安的悲惨，再听到这个结果，那种惊喜犹如从地狱升到天堂。此时，我才大大松了一口气，禁不住埋怨自己为什么不把这件事早点告诉律师。

这次经历使我终生难忘。每当我面临令人忧虑的问题时，我就先让自己冷静一下，放松下来，然后考虑问题就变得简单多了。

人生在世，如果计较的东西太多，样样都不肯放手，那就会像一头到哪里都拉着货物的牛，活得很累；反之，什么都不计较，什么都可以马马虎虎，什么都可以凑合，毫无原则，也不会得到想要的结果。遇到事情，能够冷静思考，才可以让你的生活和工作得到理想的效果。

做一个勤快的懒女人

不刻意做美丽的白天鹅，反而随意做一只享福的小懒猫，我们要做聪明又勤快的“懒”女人。

请回答这个问题：人们喜欢一个勤快的女人？还是喜欢一个懒惰的女人？答案是不言而喻的。那我换一种角度提问：你喜欢整天忙忙碌碌去做一堆杂事，以至于没时间去做自己喜欢的事情？还是喜欢用最短的时间处理一堆杂事，然后尽情享受人生？相信这一次亲爱的读者很少会选择前者了。现在有这样一群女人，她们一下班就离开办公室，手中却很少有积压的活儿，她们看起来很能干，实际上却过得很舒服，她们不刻意做美丽的白天鹅，反而随意做一只享福的小懒猫，她们是聪明又勤快的“懒”女人。

每人的精力都是有限的，但每个人的工作中很多内容又都是重复的。与其有大把的时间去做重复劳动，不如用删繁就简的工作与生活技巧，充分享受工作和生活的乐趣。女士们，你想过如何才能有效提升效率，在最短的时间里让自己轻松做完工作吗？这只需要一点归纳和管理能力，但怎样组织、分层负责和监督别人，很多女士还是感觉茫然甚至一无所知。

事实上，即使男性也未必都能做到这一点，据我所知，很多商人都做慢性自杀的事儿，因为他们不懂得怎样把责任分摊给其他人，而只会坚持事必躬亲。其结果是，很多枝节小事让他手忙脚乱，耗费了他绝大部分的时间，他总觉得匆忙、焦虑和紧张。一个经管大事业的人，如果没有学会怎样组织、分层负责和监督，那他很可能在五十多岁或六十出头的时候死于心脏病。

我过去觉得分层负责非常困难，而负责的人如果不理想，也会产生麻烦。但是，一个做上级主管的人，如果想避免忧虑、紧张和疲劳，必须要学会这些。例如，我们常花一两个小时开会讨论问题，却没有人明白问题究竟出在什么地方，反复这样，会使人陷入疲倦之中。必须抓住事情的重点，才能有效避免无关紧要的工作。

现在，让我们来看一下，怎么样才能消除生意上百分之五十的麻烦。如果你本来就是个生意人，也许会认为："真荒唐！我干这行已经十几年了，居然有人想要告诉我怎么消除生意上百分之五十的麻烦——简直是荒唐极了。"

让我们开诚布公地说吧！也许我确实不能帮你解决生意上百分之五十的忧虑，除了你自己，没有人能做到这一点。可是，我所能做到的是，让你看看别人是怎样做的，剩下的就要看你了。我下面就要告诉你，有一位企业家，如何不但消除了他百分之五十的忧虑，还节省了百分之七十用在开会和解决麻烦问题上的时间。

在本书中，我不会告诉你那些根本无法证实的事情，所以提到的每个人我都会做个介绍。这件事情的主角是里昂 · 希姆金，多年来，他一直是西蒙&舒斯特出版社的高层主管，现在担任纽约市口袋书出版公司的董事长。

下面就是他的经验：

15年来，我几乎每天都要花一半的时间来开会和讨论问题。会上大家很紧张，坐立不安，辩论个没完，不断绕圈子。一场会下来，我感到筋疲力尽。如果有人对我说，我省掉开会时间的四分之三，就可以消除四分之三的神经紧张，我一定会认为他是胡说八道——这怎么可能做到呢？可后来我却按照这种概念制订了一个很好的方案。这个办法我已经用了八年，对我的办事效率以及身体的健康和快乐，有了很大的促进。

下面就是我的秘诀：我订下一个新的规矩——任何一个有问题要问的人必须先准备好一份书面报告，回答以下四个问题：

1. **问题是什么？**
2. **产生问题的原因是什么？**
3. **这些问题有哪些解决办法？**
4. **你建议用哪种办法？**

现在，我的部下很少把问题拿到会议上来了。因为他们发现，在认真地回答了上述四个问题之后，最妥当的方案就会像面包从烤箱中自动跳出来一样。即使非讨论不可，所花的时间也不过是过去的三分之一，因为讨论的过程有条理而且合乎逻辑，最后总能得到很明智的结论。

弗朗西斯·碧吉尔，这位美国保险业的成功女性，在刚开始从事保险业的时候，曾经非常顺利，但是不久之后，她的业绩开始停滞不前。幸好她用了这个方法，不仅消除了烦恼，而且让自己的事业得到很好的发展。她说：我刚开始推销保险的时候，对自己的工作充满了热情，但是后来我变得非常泄气，开始怀疑我是不是选错了职业，痛苦得几乎都要辞职了……但在辞职之前，我想最后试试看能不能找到什么解决办法，于是在一个星期六的早晨，我开始静静地思考，想找出忧虑的根源。

我首先问自己："问题到底是什么？"

我很快就找到了问题本身：我拜访过很多客户，成绩却很不理想。我本来和顾客谈得好好的，可最后快要成交时，他们就对我说："碧吉尔小姐，我想再考虑考虑，下次再说吧！"这种情况让我觉得很沮丧。

我问自己："有什么解决办法吗？"

回答之前，我想研究一下过去的情况，于是我拿出过去12个月的记录本，仔细看看上面的数字。我吃惊地发现，我所卖的保险，有百分之七十是在第一次见面时成交的；另外有百分之二十三是在第二次见面成交的；只有百分之七，是在第三、第四、第五次……才成交。实际上，我的工作时间，几乎有一半都浪费在那百分之七的业务上了。

那么答案是什么呢？

很明显：我应该立刻停止第二次以后的拜访，把空出的时间用在寻找新的顾客上。结果令人大吃一惊：在很短的时间内，我就把平均每次拜访客户能赚的成绩提高了一倍。

弗朗西斯·碧吉尔现在做得很成功。还是同一个人，曾经想放弃自己的工作，几乎要承认自己的失败。结果呢，分析问题使她走上了成功之路，也使她成功变“懒”，避免了大量的重复劳动和由此带来的挫败感，拥有了更多属于自己的时间。

放松自己，一切都会变好

我从来没有看到过疲倦的猫，要是你能学猫那样放松自己，大概也就能避免疲劳了。

我们可能无法改变风向，但我们至少能调整风帆；我们无法左右事情，但我们至少能调整自己的状态。要衡量一天的工作是否已经完成的指标，不是看你有多累，而是看你多不累。下面是一个令人吃惊而且非常重要的事实：单纯用脑不会使你疲倦。这句话听起来非常荒谬，然而科学实验却证明了这一点。

那么是什么使你感觉疲劳呢？心理治疗家认为，我们感到的疲劳，多半是由精神和情感因素引起的，著名的心理分析学家海德 · F 说："我们感到的大部分疲劳，都是心理影响的结果。实际上，纯粹由生理引起的疲劳是很少的。"

美国著名的心理分析学家布列尔博士说得更详细，他说："一个总是坐着的工作者，如果健康没什么问题，他的疲劳百分之百是受心理因素也就是情感因素的影响。"

哪些因素会导致疲劳呢？当然是烦闷、懊恨、不受重视的感觉以及忙乱、焦急、忧虑等。这些感情因素使人容易感冒，使工作效率下降。我们之所以感到疲劳，是因为我们的情绪使身体紧张。

大都会人寿保险公司指出："忧虑、紧张和情绪不安，是导致疲劳的三大原因。"为什么在从事脑力劳动的我们，也会产生这些不必要的紧张呢？丹尼尔·霍奇林博士说："几乎所有的人都相信，越困难的工作就越得用力做，否则就不能做好。"

所以，我们一集中精力就习惯性地皱起了眉头，耸着肩膀，让所有的肌肉都"用力"，实际上，这对我们的思考根本没有丝毫帮助。碰到这种精神上的疲劳，应该**放松、放松、再放松**。

这很容易吗？不，你要花很大力气才能把这样的习惯改过来。可是，花这种力气是值得的。心理学家威廉·詹姆斯在那篇名为《论放松情绪》的文章里说："美国人总是过度紧张、坐立不安、表情痛苦，这是一种地地道道的坏习惯。"紧张是一种习惯，放松也是一种习惯，而坏习惯应该消除，好习惯应该保持。

也许有女士会问：怎样才能放松呢？是先从思想上还是先从神经上开始？都不是，应该先从肌肉开始。首先，您要放松眼部肌肉，然后可以用同样的方法放松脸部、颈部和整个身体。

但是，最重要的，还是放松你的眼睛。芝加哥大学的艾德蒙·杰克布森博士说，**如果能完全放松你的眼部肌肉，你就可以忘记所有的烦恼了**。在消除神经紧张方面，眼睛之所以如此重要，是因为它们消耗了全身能量的四分之一。这也就是为什么很多眼力很好的人，却感到"眼部紧张"，这是因为他们自己使眼部感到紧张。

小说家薇琪·贝姆说，她小时候遇见的一位老人，教给了她一生中最重要的一课。那天，她和孩子们一起玩耍时，重重摔了一跤，碰破了膝盖，还扭伤了手腕。有个在马戏团当过小丑的老人看到后把她扶起来，帮她把灰尘掸干净后，老人对她说："你之所以会碰伤，是因为你不知道怎样放松自己。你应该假装你自己软得像一双袜子，像一双穿旧了的袜子。亲爱的，来，我来教你怎么放松。"

于是那个老头就教薇琪·贝姆和其他的孩子应该怎么跑，怎么跳，怎么翻跟头，还一直教她们说："要把你自己想像成一双旧袜子，那你就能放松了。"

放松其实很简单，任何时候都能够放松，在任何地方也能够放松，只是不要刻意去让自己放松。所谓放松，就是消除所有的紧张和力量，只想到舒适和放松。开始的时候，先想如何放松你的眼部肌肉和脸部肌肉，不停地说着："放松……放松……放松，再放松！"要从脸部肌肉到身体中心，都能感到自己的体力在消褪。要使自己像刚出生的婴儿一样，完全没有紧张的感觉。

这也是著名的女高音嘉莉·库奇所用的办法。嘉莉·库奇在表演之前总是坐在一张椅子上，放松全身的肌肉，而且下颚松得象脱臼一样。这种做法非常不错——可以使她在登台的时候，不至于感到太紧张，也可以防止疲劳。

随时放松你自己，使你的身体软得像一双旧袜子。我在工作的时候，常常在桌子上放上一双红褐色的旧袜子，提醒我应该放松到什么程度。如果你找不到一双旧袜子的话，一只猫也可以。

你抱过在太阳底下睡觉的猫吗？当你抱起它时，它的头就像打湿了的报纸一样垂下去了，如果你想要放松，应该多去瞧瞧猫。我从来没有看到过疲倦的猫，也没有看到过患精神分裂症、风湿病或染上胃溃疡的猫。要是你能学猫那样放松自己，大概也就能避免这些病了。

在工作的时候，也可以采取一些放松的方式进行自我放松。首先，在工作的时候，尽量采取舒服的姿势。要记住，身体的紧张会产生肩膀的疼痛和精神上的疲劳。

其次，每天自我检查五次，问问自己："工作时我有没有因为紧张？我有没有使用和工作毫无关系的肌肉？"这些都有助于你养成放松的好习惯。就像大卫·哈罗·芬克博士所说的："那些对心理学最了解的人都知道，有三分之二的疲倦是习惯性的。"

再次，每天晚上再检查一次，问问你自己："我到底有多累？如果我感觉累，不是我干的太多的缘故，而是因为我做事的方法不对。"

丹尼尔·霍奇林说："我总结自己的成绩，不是看我在一天工作结束后有多累，而是看我多不累。如果哪一天过完后，我感到身体特别疲倦，或者是我感觉自己的精神特别疲倦的时候，我会明白，这一天无论在工作的质和量上都做得不够。如果每个企业家都能学会这一点，因神经紧张引起猝死的比例就会马上降低了。而且，精神疗养院里也不会再有那些因为疲劳和忧虑导致精神崩溃的人了。"

女人劳累一天后，往往还要回家照顾孩子、做家务，所以，学会把自己当作一双软软的旧袜子吧，学会放松肌肉，也放松自己的精神，这样至少不会在工作中感到太疲惫，因而影响到自己的情绪。

假装快乐，你就会变得很快乐

你工作累了吗？跟自己玩个“假装”的游戏，也许你会得到意想不到的结果。

在电脑前工作了一天的爱丽丝小姐，傍晚才回到家中。她腰酸背痛、疲惫不堪；她不想吃饭，只想睡觉。正在这时，男朋友打来电话邀请她去跳舞。顿时，她的眼睛亮了，精神也来了。她换上衣服冲出门去。一直跳到凌晨三点才回来，这时她一点也不疲倦，正相反，她兴奋得睡不着觉了。

看得出来，她所谓的疲劳只是讨厌工作而已，这种情绪使她对生活也产生了厌烦。因为不喜欢工作而感觉疲惫不堪的人很多，你也许就是其中之一。

约瑟夫·巴马克博士在《心理学学报》上有篇报告，谈到了他的一次实验：

他安排一群大学生参加一连串的实验工作，这些工作都是单调呆板的。结果，所有的学生都觉得疲倦、头疼、眼睛疼，而且总打瞌睡、想发脾气，甚至有几个人感到胃不舒服。通过给他们化验得知，一个人烦闷的时候，他身体的血液和氧化作用会有所下降。一旦人们觉得工作有趣的时候，其新陈代谢作用就会加速。

所以，当人们在做一些很有乐趣，令人兴奋的工作时，很少感到疲倦。比如，我最近在加拿大落基山的路易斯湖畔度假，钓了好几天的鲑鱼。为了到湖边钓鱼，我得要穿过长得比人高的树丛，跨过很多横卧在地上的枯枝，可是辛苦了八个小时之后，我却丝毫不感到累。为什么呢？因为我非常兴奋，而且觉得自己这一趟收获不少：抓到了六条个头很大的鲑鱼！

但是如果我觉得钓鱼是一件很单调的事情，会有什么感觉呢？我一定会因为在海拔二千多米的高山上来来回回地奔波而感到筋疲力尽的。

哥伦比亚大学的爱德华博士经过调查和实验得出这个结论：**“工作效率降低的真正原因是烦闷。”**

杰罗姆·科恩的音乐喜剧《画舫璇宫》里的主人公曾说过：“能做自己喜欢的事的人，是最幸运的……这是因为他们体力更充沛，快乐更多，忧虑和疲劳都比较少。”看吧，你兴趣所在的地方就是你能力所藏的地方。很多女性都有属于自己的个人理想，并且也有允许发展的社会环境，也许你的梦想是成为职场女王，也许你的梦想是做时尚类的工作，也许你对做一个自由职业者梦寐以求，这些你想做的事里，往往蕴含着你的快乐人生。

有一位做录入员的小姐，她在俄克拉荷马州托沙城的一个石油公司工作。每个月她都得做一件最单调的工作：填写石油销售报表。她为了提高工作情绪，就想出一个办法，把它变成一项有趣的工作。

怎么做呢？她每天跟自己竞赛。她统计出上午打印的数量，然后争取在下午打破纪录。然后统计出第一天打印的总数，争取在第二天打破纪录。

这样一来，她的速度比别人快得多，而且也不会产生单调工作带来的疲劳，她因此节省下了体力和精神，更多的休息时间也为她带来了更多的快乐。这个故事十分真实，因为那个女孩子就是我的妻子。

不管男人还是女人，当感觉不自信的时候，都可以用个“假装自信”的窍门，这会真的让你变得很自信。同样的道理，如果你“假装”对工作有兴趣，这点假装会使你的兴趣变成真的，可以减少你的疲劳、忧虑和烦闷。

好多年前，一个年轻人在一家工厂干一件很单调的工作。他整天站在车床边上加工螺丝钉，他觉得工作非常乏味，他想辞职，可又怕找不到工作。

既然非得做这件没意思的工作不可。那就让这件工作变得有意思吧！他下了这样的决心以后，就和旁边的一个工人展开了竞赛。他们的领班对他的生产速度和质量大为赞赏，不久就将他提升到了一个较好的职位上。当然，这只是一连串升迁的开始，最后，这位工人——山姆 · 瓦克南成了包尔温机车制造公司的董事长。如果他没有想办法把工作变得有意思的话，那么他也许一辈子只是一名工人。

著名的无线电新闻分析家H.V.卡腾堡曾告诉我，如何将一件毫无乐趣的工作变得很有趣：他22岁那年，在大西洋上一艘运牲畜的船上工作，为船上运载的牲口喂水和饲料。轮船到英国后，他骑着自行车周游了全英国，接着到了法国。到达巴黎时，他的积蓄花光了，只得把随身带着的照相机卖了几元钱，在巴黎版的《纽约先驱报》上登了一个求职广告，找到了一份推销立体观测镜的工作。

他不会说法语，但推销了一年以后，他居然挣了5000美元，成了当年法国收入最高的推销员。他是怎样创造奇迹的呢？

一开始，他请老板用纯正的法语把他应该说的话写下来，然后背得滚瓜烂熟，接着他去按人家的门铃。家庭主妇开门之后，他就开始背诵老板教的推销用语。他带美国口音的法语使人觉得很滑稽，他趁此机会递上实物照片。如果对方问一些问题，他就耸耸肩说："美国人……美国人"，同时摘下帽子，把藏在帽子里的讲稿指给人家看。那个家庭主妇通常会被逗得大笑起来，他也跟着大笑，然后给对方看更多的实物照片。

当卡腾堡讲述这些事情的时候。他很坦白地承认这种工作实在很不容易。他之所以能挺过去。就是靠着一个信念：他要把这个工作变得有趣。

每天早上出门之前，他都要对着镜子里的自己说："卡腾堡，如果你要吃饭，就得做这件事。既然非做不可。那你何必不做得痛快一点儿呢？就假想你是一个演员，正站在舞台上，下面有很多观众正注视着你。你现在做的事就像演戏一样有趣，为什么不高兴点儿呢？"

卡腾堡告诉我，每天给自己打气的这些话，帮助他把一个既恨又怕的工作变成他喜欢的事情，也让他挣得了很高的利润。

我问卡腾堡先生，是否可以给走在成功路上的男女青年一些忠告，他说："可以。每天早晨给自己打打气。我们常常觉得需要动力，才能让自己从半睡半醒的状态里醒过来。但我们更需要一些精神和思想上的运动，使我们每天早上能够真正地活跃起来，那就每天早上给自己打打气吧！"

每天早晨给自己打气加油，是不是一件很傻、很肤浅、很孩子气的事呢？不是的，这是一种策略，也是一种心理学知识。

一千八百五十年前，古罗马帝国皇帝马可·奥勒留在他的《沉思录》中写道：**"我们的生活，就是由我们的思想创造的。"**

这句话在今天也同样是真理。深陷工作烦恼的女士们，我们可以不断地提醒自己：如果我在工作上得不到快乐的话，那你在别的地方也不可能得到，因为一天的大部分清醒时间都花在工作上了。

如果你经常给自己打气，经常创造工作的兴趣。那你就会把疲劳降到最低程度，这样也许就会给你带来升迁和发展。即使没有这样的好处，至少在减少了疲劳和忧虑之后，你可以更好地享受自己的闲暇时间，做自己真正喜欢做的事情，不是吗？

女人不能输在不会说话上

下次当我们要指出别人的错误时，我们要记住光脚的苏格拉底。

事实上，女性的语言能力要远远高于男性，但很多时候女士们却将这种语言上的优势浪费在了争辩上，能说话不等于会说话，会说话的人，往往会把对方控制在自己的观点中。

哲学家苏格拉底风趣又古怪，他常年不穿鞋，他改变了人们思维的方式，直到今天，还被看做是最会说话的人。他运用了什么技巧？他骂人特别厉害？不，苏格拉底决不这样。

他的技巧被称为苏格拉底辩论方法，他唯一的反应就是“是，是”。他问的问题，都是被他的反对者所同意的。他连续不断地获得对方的同意、承认，到最后，使反对者在不知不觉中，接受了自己刚刚还坚决否认的结论。

下次当我们要指出别人的错误时，我们要记住光脚的苏格拉底，并且问一个能得到对方“是，是”反应的温和问题。

女人不能输在不会说话上，跟人们谈话时，别一开始就谈你的反对意见，不妨谈些大家都认可的事情。然后你再提出你的见解，这样可以告诉对方，你们所追求的是同一个目标，只是方法不同而已。

你要使对方在开始的时候，连连说“是！是！”尽量防止他说“不！”奥弗斯德教授在《影响人类行为》一书中说过：“一个‘不’字，是最不容易克服的障碍，当一个人说出‘不’后，为了自己人格的尊严，他就不得不坚持到底。事后，他或许觉得自己说出这个‘不’是错误的，可是，他必须考虑到自己的尊严，他觉得自己所说的每句话，必须要坚持到底。所以让对方在一开始的时候就肯定你，是非常重要的。”

说话有技巧的人，开始的时候就能得到很多“是”的反应，唯有如此，他才能将听者的心理导向正面。

运用这个“是，是”的方法，使纽约储蓄银行的一位出纳员拉到了一位大客户。这位出纳员说：这人来银行存款，我按照银行的规定，把存款申请表格交给他填写，有的栏他会马上填写，但有些他拒绝填写。

如果这事发生在我没有学习人际关系学的相关知识之前，我就会告诉那位顾客，如果他不把表格填上，那我只能拒绝他的存款——很惭愧，以往我都是这样做的——当时我说出那些很威严的话后，还会得意洋洋呢！

但今天上午，我运用了一点学到的知识，我决意不谈银行的要求，而谈些顾客方面的需要。最主要的，我决定使他一开始就说“是，是”——这要求我的意见要跟他完全一致，他既然不愿填表格，我也不必在这一点上太过坚持。

我对那位顾客这样说："如果你去世后，你有钱存在这个银行，你愿意让银行把存款转交给你最亲密的人吗？"

那客人马上回答："当然愿意。"

我接着说："那么你就依照我们的办法去做好吗？你把你最亲近的亲属的姓名和个人信息填在这份表格上，假若你不幸去世，我们立即把这笔钱移交给他。"

那位顾客连连点头说："是，是的。"

那顾客态度软化的原因，是他已经知道填写这份表格完全是为他打算。他离开银行前，不但把表格填满，而且还接受了我的建议，用他母亲的名义，开了个信托账户，将他母亲的信息也详细填在表格上。我发现，使他一开始就说"是，是"，他就会忘了争执的焦点，并且很愉快地按照我的建议去做了。

西屋公司推销员爱立森，对我说过他的故事：在我负责的推销片区里，住着一位有钱的大企业家。我们公司很想让他买我们的产品，上一位推销员花了将近十年的时间，也没谈成一笔交易。我接管这一地区后，花了三年时间去兜揽他的生意，可是，也没有什么结果。十三年不断的访问，对方只买了几台发动机，可是我这样想——如果这次买卖做成，他发现我们的发动机质量好，没有故障，以后说不定他会买我几百台发动机呢！那么发动机会不会发生故障呢？我敢保证这些发动机不会有任何故障的。

过了一段日子，我去拜访他。这时我才发现我高兴得太早了，对方的工程师见到我就说："爱立森，我们不能再买你的发动机了。”

我心头一震，问：“为什么？”

那位工程师说：“你卖给我们的发动机发烫，手都不敢碰上去呢。”

我知道如果跟他争辩，不会有任何结果的，过去就是这样的，我想运用让他说出“是”字的办法。

于是我向那位工程师说：“史密斯先生，你所说的我完全同意。如果我们的发动机太烫，你就别买了。你买来的发动机，当然不希望它热得超出标准范围，是不是？”

他完全同意，我获得了他的第一个“是”字。

我又说：“电工协会规定，一架标准的发动机，可以比室内温度高出二十二摄氏度，是不是？”

他同意这个见解，说：“是的。可是你的发动机却比这温度高。”

我没和他争辩，我只问：“工厂温度是多少？”

他想了想，说：“大约二十四摄氏度左右。”

我说：“这就对了。工厂温度二十四摄氏度，再加上应有的二十二摄氏度，一共是四十六摄氏度。如果你把手放进四十六摄氏度的热水里，会不会把手烫伤？”

他还是说了“是”。

我向他建议说："史密斯先生，你别用手碰那架发动机不就行了？"

他接受了这个建议，说："对"，我们谈了一阵后，他把秘书叫来，为下个月订了差不多三万多元的货物。

我费了多年的时间，损失了大笔生意，最后才知道，争辩并不是一个聪明的办法。要从对方的角度去看问题，想办法让别人回答"是，是"才是一套成功的办法。

如果你要获得人们的同意，就要使对方很快地回答："是！是！"这种方法我感觉更适合女性细腻温和的态度，你不妨试试这套语言魔法吧。

禁得起多大的诋毁，就受得住多大的赞美

不公正的批评通常是一种伪装的恭维。现在很痛苦，过阵子回头看看，会发现其实那都不算事。

被《哥伦比亚新闻评论》誉为“当代最伟大的杂志编辑”的蒂娜·布朗，曾经以独特的个性和锋芒毕露的风格引来杂志界的争议。她刚被任命为《纽约客》杂志的主编时，杂志社里的工作人员听到这个消息后都感到忐忑和茫然。很多反对者痛斥她：这个女人曲意奉承广告客户，无耻地败坏了我们的阅读习惯，让我们看的杂志越来越低俗。

但上任伊始，布朗就精心构架了美国杂志史上最强大的人事阵容。对于优秀作家、编辑和摄影师，她懂得珍惜和尊重，除了给予优厚待遇外，还常请作家或记者到她家中聚餐，或者送上一份礼物，并附一张亲笔欢迎卡片。一位资深编辑开玩笑说：“她是《纽约客》杂志有史以来，第一位不带神经质的总编。”

布朗还提高了杂志的知名度，增加了广告客户的好感。她似乎有种让杂志起死回生的天赋，无论是《名利场》还是《纽约客》；无论杂志风格属于奢华时尚还是严肃老成，她都游刃有余，她一直在坚持不懈地把光芒与砂粒结合在一起，其名字已经成为杂志、女性成就和才华的代名词。她仿佛在诠释这句话：**“禁得**

起多大的诋毁，就受得住多大的赞美。”

美国教育界发生过一件轰动全国的大事：有个叫罗伯特·霍金斯的年轻人，半工半读地从耶鲁大学毕业，毕业后做过伐木工人、家庭教师和服装店导购。八年之后，却被任命为全美排名第四的大学——芝加哥大学的校长！而他的年龄有多大？只有30岁。

这件事简直令人难以置信。教育界权威们纷纷表示反对，各种批评排山倒海一样倾泻在这位“神童”的头上，说什么他太年轻了，无法服众啦；说什么教育观念不成熟，经验不够啦……许多报纸也加入到这场攻击战中，起着推波助澜的作用。

就在罗伯特·霍金斯就任的那一天，有人对他的父亲说：“早上我看见报上攻击你儿子的文章，那势头可把我吓坏了。”“是的”，霍金斯的父亲回答说，“的确是来势汹汹，但是请记住，从来没有人会踢一条死狗。”

的确如此，一条狗越重要，踢它的人就越多，踢狗的人就越能获得满足。英国国王爱德华八世还是王子的时候，其屁股就曾被人狠狠地踢过。当时他14岁，在英国皇家海军学院上学。有一天，一位教官发现他在偷偷哭泣，便问他发生了什么事。起先爱德华王子不肯说，在反复询问后才说了实话，原来他常挨同学踢。教官将全体学生召集起来调查王子挨踢的原因。拖了半天，学生们才难为情地承认，自己这样做的理由是，等将来自己成了皇家海军的指挥官时，他们可以骄傲地告诉别人，自己曾经踢过国王的屁股！

由此可见，如果你被人踢了或者恶意中伤，请记住，人们之所以这样做，是因为这样能使他们有一种自以为重要的感觉，而这通常意味着你已经有所成就，引起了他人的关注。许多人在骂那些教育程度比他们高，或者在各方面比他们优秀的人时，会有一种满足感。多年前，哲学家叔本华曾说过：**“俗人会在伟人的错误和愚行中获得极大的满足。”**

令人难以想象的是，即使大人物也不免有粗俗的时候，曾担任过耶鲁大学校长的提摩太·杜威，就无理攻击过美国总统候选人。他这样恶毒地咒骂他：“如果他当选了总统，我们就会看到自己的妻子和女儿不贞不洁，我们因此会蒙受羞辱，我们的尊严会受到损害，我们的德行会消失殆尽！”这些话听起来就像在痛斥希特勒，然而，事实上他是在攻击托马斯·杰斐逊。是那位起草《独立宣言》的杰斐逊吗？一点也不错，骂的就是他。

你猜，是哪位美国人曾经被人骂作“伪君子”“大骗子”“只比杀人犯强一点儿”？骂他的报纸上刊登了一幅漫画，画上画着这个人正前往断头台，闸刀悬在台上等着砍掉他的脑袋；他游街时，人们纷纷这么叫骂他。被骂的这个人是谁？他是美国国父乔治·华盛顿。

这毕竟都是很久以前的事了，也许现在人性已经有所改进？那我说一下著名探险家皮尔里海军少将的事吧。他是人类历史上首个乘狗拉雪橇到达北极的人。几百年来，无数勇敢的探险者为了实现这个目标而受伤，甚至丧生。皮尔里也几乎死在饥寒交迫中，他有八个脚趾因为冻坏而不得不切除，沿途所遭遇的种种灾难几乎使他发疯。但成功后的皮尔里震惊了世界，华盛顿的那些海军高级官员们却心怀嫉妒，他们诬告他假借科学探险的名义敛财，还“无所事事地在北极逍遥”。他们可能相信自己的诬陷是真的，因为人性就是一旦想相信某事，就很难改变观点。他们试图阻挠皮尔里的决心是如此强烈，以至于最后不得不由麦金莱总统直接下令，才使皮尔里在北极的研究工作得以继续下去。

如果皮尔里只是华盛顿海军总部办公室里的一个普通办公人员，他会不会受到这样强烈的批评呢？不会，因为如果他不重要，就不会引起他人的嫉妒了。

格兰特将军的经历比皮尔里更糟糕。1862年，他率领北方军队取得了南北战争开战后的第一次大捷，这使他立刻成为全美国人民的偶像，那次大胜利的余威甚至波及遥远的欧洲。在美国，从缅因州一直到密西西比河岸，到处都敲响了庆祝的钟声，燃放着胜利的焰火。但就在大胜利后的第六个星期，他却被逮捕了，并被剥夺了兵权，他倍感羞辱，深深地陷入痛苦和失望之中。为什么格兰特将军会在胜利的高潮时被捕呢？大概很大的原因是他引起了那些傲慢的上司的嫉妒吧！

所以，不公正的批评总会伴随在非凡之人的周围，上帝不会对谁更宽容一些，在享受成功的时候，也要承受也许会接踵而至的质疑和批评。对这些质疑，我们可以用自己的努力做出回答，而如果我们因受到不公的批评而烦恼时，请记住：

“不公正的批评通常是一种伪装的恭维。记住，没有人会踢一条死狗。”

女神箴言

DALE CARNEGIE

一滴蜂蜜比一加仑胆汁能够捕到更多的苍蝇。

*

随机应变的智慧，是解决生活中困难的武器，这要比书本上的知识有价值得多。

*

行为比言语更重要。对人微笑就是向人表明：“我喜欢你，看到你很快乐，我喜欢见到你。”

*

关心他人必须出于真诚，不仅付出关心的人应该这样，接受关心的人也应当如此。

*

一种最简单也是最重要的获得好感的方法，就是记住别人的姓名，使别人感觉到自己是个很重要的人。

DALE CARNEGIE

Lovely Rita

第5章

练习好命：你要相信，最好的正在来的路上

今天太宝贵，

不应该为忧虑和悔恨所消蚀。

抬高下巴，

使精神焕发出光彩，

像春天阳光下水花四溅的山泉那样活泼。

我们欢欣，

因为我们相信，

最好的正在来的路上。

这点小事不值得你垂头丧气

我们生活在这个世界上只有短短的几十年，而我们浪费了很多时间，去为那些很快就会成为过眼云眼的小事发愁。

上天赋予每个人可以独立思考的大脑，人们用它来捕捉生活中的美好。他们在枯树的一粒嫩芽上可以看到春天的消息；在迁徙的候鸟鸣叫声中听到它们对家的渴望；在巷弄中打闹嬉戏的孩子的笑声中，回忆起自己无忧无虑的童年；他们听到一句美丽的话语时，会想起自己深深眷恋着的爱人。

人生只有短短几十年，却常常浪费很多时间去发愁一些微不足道的小事。给你讲一个最富戏剧性的故事，主人公叫罗伯特·莫尔。

莫尔对我说："1945年3月，作为一名美军战士的我，在中南半岛附近80米深的海水下，学到了一生中最重要的一课。当时，我正在一艘潜艇上，我方雷达发现一支日军舰队，包括一艘驱逐护航舰，一艘油轮和一艘布雷舰，正朝我们这边开来。我们发射了三枚鱼雷，都没有击中日军舰队，突然，那艘日军布雷舰径直朝我们开来。（后来才知道，这是因为一架日本飞机把我们的位置用无线电通知了这艘军舰）我们潜到45米深的地方，以免被它侦察到，同时作好防御深水炸弹的准备，还关闭了整个冷却系统和所有的发电机。

“三分钟后，我感到天崩地裂。六枚深水炸弹在潜艇的四周炸开，把我们直压到80米深的海底。深水炸弹不停地投下，有十几个在距离我们15米左右的地方爆炸了——如果深水炸弹距离潜水艇不到5米的话，潜艇就会炸出一个洞来。当时，我们奉命静静躺在床上，保持镇定。我吓得简直喘不过气来，不停地对自己说：‘这下死定了……’潜水艇的温度几乎到了四十摄氏度，可我却怕得全身发抖，一阵阵地冒冷汗。15个小时后，攻击才停止了，显然是那艘布雷船用光了所有的炸弹后开走了。这15个小时，我感觉好像是过了1500万年。我过去的生活一一在眼前出现，我记起了干过的所有坏事和曾经担心过的一些无聊小事。我曾担心，没有钱买房子，没有钱买车，没有钱给妻子买好衣服；下班回家，常常和妻子为一点芝麻大的事吵上一架；我还为额头上的一个小疤发过愁。

“那些令人发愁的事，在深水炸弹威胁生命时，显得那么荒唐和渺小。我对自己发誓，如果还有机会再看到太阳和星星的话，我永远不会再忧愁了。在这15个小时里我学到的，比我在大学四年学到的还要多得多。”

我们一般都能很勇敢地面对生活中那些大的危机，却常常被一些小事搞得垂头丧气。拜德先生手下的工人能够毫无怨言地从事那种危险又艰苦的工作，可是有好几个人彼此之间不肯说话，只是因为怀疑别人乱放东西侵占了自己的地盘；或者看不惯别人将每口食物嚼28次的习惯，而一定要找个看不见这个人的地方，才吃得下饭……

世界上超过半数的离婚，都是发生在生活里的小事引起的。芝加哥的约瑟夫·塞巴斯蒂安法官，在仲裁过四万多件离婚案后说："不美满的婚姻生活，往往都是因为一些小事。"

一次，我们到芝加哥一个朋友家吃饭，分菜时，他有些小细节没做好。大家都没在意，可是他的妻子却马上跳起来指责他："约翰，你怎么搞的！难道你就永远也学不会怎么分菜吗？"她又对大家说："他老是一错再错，一点也不用心。"也许约翰确实没有做好，可我真佩服他能和他的妻子相处20年之久。说句心里话，我宁愿吃两个最便宜的只抹着芥末的热狗面包，也不愿意一边听她啰唆，一边吃美味的北京烤鸭。

不久前，我和妻子邀请了几个朋友来家里吃晚餐，客人快到时，妻子发现有三条餐巾和桌布颜色不搭配。她后来告诉我："我发现另外三条餐巾送去洗衣店洗了。客人已经到了门口，我急得差点哭了出来，我埋怨自己：'为什么会发生这么愚蠢的错误？它会毁了我的！我突然想，为什么要毁了我呢？我平静了下心情，若无其事地走进去吃晚饭，还决心好好吃一顿。我情愿让朋友们认为我是一个比较懒的家庭主妇，也不愿意让他们认为我是一个神经质的女人。而且，据我所知，根本没有一个人注意到那些餐巾的颜色。"

大家都知道："法律不会去管那些小事。"人也不应该为这些小事忧愁。实际上，要想克服一些小事引起的烦恼，只要转换一下观点，有个一个新的、开心点的看法就好。作家荷马·克罗伊告诉我，过去他在写作的时候，常常被纽约公寓的大照明灯“噼噼啪啪”的响声吵得快要发疯了。

后来，有一次他和几个朋友出去露营，当他听到木柴烧得很旺时“噼噼啪啪”的响声，他突然想到：这些声音和大照明灯的响声一样，为什么我会喜欢这个声音而讨厌那个声音呢？回来后他告诫自己：“火堆里木头的爆裂声很好听，大照明灯的响声也差不多。我完全可以蒙头大睡，不去理会这些噪音。”结果，不久后他就完全忘记了它。

很多小忧虑也是如此。我们不喜欢一些小事，结果弄得整个人很沮丧。其实，我们都夸张了那些小事的重要性。

两次担任英国首相的迪斯雷利说：“生命太短促了，不要只想着小事。”安德烈·莫里斯在《本周》杂志中说：“这些话，曾经帮助我经历了很多痛苦的事情，我们常常因一点小事——一些不值一提的小事弄得心烦意乱。我们生活在这个世界上只有短短的几十年，而我们浪费了很多时间，去为那些很快就会成为过眼云烟的小事发愁。我们应该把生命只用在值得做的事和感觉上。去想伟大的思想，去体会真正的感情，去做必须做的事情。因为生命太短促了，所以不该再顾及那些小事。”

爱默生讲过这样一个故事：“在科罗拉多州长山的山坡上，躺着一棵大树的残躯，自然学家告诉我们，它已经活了有四百多年。在它漫长的生命里，曾被闪电击中过14次，无数次狂风暴雨侵袭过它，它都能战胜它们。但在最后，一小队甲虫的攻击使它永远倒在了地上。那些甲虫从根部向里咬，渐渐伤了树的元气。

虽然它们很小，却保持着持续不断的攻击。这样一个森林中的庞然大物，岁月不曾使它枯萎，闪电不曾将它击倒，狂风暴雨不曾将它动摇，一小队用大拇指和食指就能捏扁的小甲虫，却使它倒了下来。”

我们不都像森林中那棵身经百战的大树吗？在生命中也经历过无数狂风暴雨和闪电的袭击，可是最后却让那些用大拇指和食指就可以捏死的小甲虫咬噬个没完。

要在忧虑毁了你之前，先改掉忧虑的习惯。不要让自己因为一些应该丢开和忘掉的小事烦恼，要记住：生命太短促了。

在最深的绝望里，看到最美的风景

那些跌宕起伏过后，我们需要用平静来阐释面临的一切。

做棵职场向日葵还是含羞草？这个世界看起来早已成为外向者的天下。但事实上，内向者拥有安静的力量，她们的一些关键特性，比如注重深度、清晰准确的表达、习惯孤独等，使自己更容易成为卓越领导者或深度思想者。

逆境中的艰难困苦会对人产生什么样的影响？会把人压得喘不过气来？还是帮助你重新审视自己，找到之前自己也意识不到潜力？伟大的心理学家阿尔弗雷德·安德尔说：人类最奇妙的特性之一，就是“把负变正的能力”。

战争期间，瑟玛的丈夫驻守在加州莫哈韦沙漠附近的陆军训练营里，为了能与他团聚，瑟玛也搬到那里去了。她十分讨厌那个地方，丈夫经常出差，只留下她一个人住在一间破屋里，瑟玛因此陷入了无边的苦恼中。沙漠的天气令人无法忍受，即使有巨大的仙人掌，温度也高达摄氏五十多度。除了附近的墨西哥人和印第安人，几乎找不到可以说话的人，而他们又不会讲英语。那里整天都刮风，吃的东西，包括呼吸的空气中，到处都是沙子！

瑟玛感觉日子实在过不下去了，她写信给父母，说她要回家，马上就回，一分钟也待不下去了！父亲的回信只有两行字，这是瑟玛毕生难忘的两行字：**“两个人从监狱的铁栏里往外看，一个看见烂泥；另一个看见星辰。”**

瑟玛把这两行字念了一遍又一遍，内心充满了愧疚。她暗自下定决心，要主动发现自己身边有的美好——她要看到那些心中美好的星辰。

于是，瑟玛与当地的人交上了朋友，这时候她才发现，他们是如此友好——当瑟玛对他们编织的布匹和制作的陶器表示出一点兴趣时，他们就毫不犹豫地将自己最得意的东西送给了她，而不是卖给观光客。瑟玛仔细地欣赏仙人掌和丝兰令人着迷的形态；她去了解当地那些土拨鼠的事情；她披着日落的余晖去沙漠里寻找贝壳，她得知，300万年前，这片沙漠曾经是广阔无垠的大海。

究竟是什么使瑟玛产生了如此大的变化呢？沙漠没有改变，印第安人也没有改变，而是瑟玛的内心改变了。在这种心态下，瑟玛将以前那些令自己颓丧的环境变成了生命中最富有刺激性的冒险活动。由此发现的崭新世界令她为之感动，为之兴奋不已。瑟玛说：“我从自己的监牢向外望，终于看到了星辰！”

也许，在我们了解不多的古老世界里，反而保留了更多古老的智慧和关于心灵的哲学。英国军官勃德莱在非洲西北部，与阿拉伯人同在撒哈拉沙漠里生活了七年。在那儿，勃德莱学会了游牧民族的语言，穿他们的服装，吃他们的食物，尊重他们的生活方式。勃德莱放羊为生，睡在阿拉伯人的帐篷里。勃德莱觉得，和这群流浪的牧羊人在一起生活的7年，是他一生中最安详、最富足的一段时间。

勃德莱的父母是英国人，他本人出生在巴黎，儿童时期在法国生活了9年，然后到英国著名的伊顿学院和皇家军事学院接受了教育。成年后，勃德莱以英国陆军军官的身份在印度住了6年。那时，他热衷于玩马球、打猎，并攀登喜马拉雅山探险，生活丰富多彩。他曾参加过第一次世界大战，战争结束后，以一名助理军事武官的身份参加了巴黎和会。其间，所见所闻令勃德莱倍感震惊和失望。当年在前线战斗时，勃德莱深信自己是为了维护人类文明而战，但在巴黎和会上，他亲眼看到那些自私自利的政客，是如何为第二次世界大战埋下了导火索的——每个国家都在进行秘密的外交阴谋活动，竭力为自己争夺土地，制造国家之间的仇恨。

于是，勃德莱开始厌倦战争和军队，甚至厌倦整个社会。他开始为自己应该选择哪种职业而满怀忧虑，好友建议他进入政治圈，但在8月一个闷热的下午，一次谈话改变了他的命运。他和第一次世界大战中最富浪漫色彩的“阿拉伯的劳伦斯”——英国情报官泰德·劳伦斯谈了一会儿，这个曾长期和阿拉伯人住在沙漠里的传奇英雄建议勃德莱到沙漠去。

尽管勃德莱觉得这个建议有些荒唐，但是他已经决定离开军队，工作也找得不顺利。因此，勃德莱接受了劳伦斯的建议，前往阿拉伯人的世界。

后来他十分高兴自己能做出这样的决定，因为在那里他学会了如何克服忧虑。阿拉伯人生活得很安详，内心很平静，在灾难面前也毫无怨言。

有一次勃德莱在撒哈拉遭遇了炙热的沙尘暴。沙尘暴一连刮了三天三夜，风势强劲猛烈，甚至将撒哈拉的沙子吹到了法国的隆河河谷。暴风十分灼热，勃德莱感觉到头发似乎全被烧焦了，眼睛热得发疼，嘴里都是沙粒，他觉得自己仿佛站在玻璃厂的熔炉前，痛苦万分，几近疯狂。然而阿拉伯人却毫无怨言，他们只是耸耸肩膀说："麦克托伯（没什么）！"

但是他们并不是完全消极被动的，暴风过后，他们立刻展开行动，将所有的小羔羊杀死。他们知道这些小羊已经无法存活了，杀死小羊至少可以挽救母羊。在完成这一任务后，他们再将剩下的羊群赶到南方去喝水……所有这些都是在十分平静的心态下完成的，对遭受的损失没有任何抱怨和忧虑。部落酋长说："已经很不错了，我们原本可能会损失所有的一切，但是感谢老天，还有百分之四十的羊留了下来，我们可以从头再来。"

还有一次：勃德莱乘车横越大沙漠，一只轮胎爆了，恰好司机忘了带备用胎。勃德莱又急又怒又烦，问那些阿拉伯人该怎么办，他们说，急躁不仅于事无补，反而会使人觉得天气更加闷热，车胎破裂是老天的旨意，是无法阻挡的。于是，一行人只好靠三只轮胎往前行驶，然而不久汽油也用光了。面对这种处境，酋长只说了一声："麦克托伯（没什么）。"这些阿拉伯人并没有因司机的过失而咆哮不已，反而更加平静。他们徒步走向目的地，一路上不停地唱着歌。

与阿拉伯人一起生活的7年时间使勃德莱相信，在美国和欧洲普遍流行的精神错乱、浮躁和酗酒，都是由匆忙、复杂的文明生活制造出来的。只要住在撒哈拉，勃德莱就没有烦恼。在那里，在最恶劣的生存环境中，他却能够找到心理上的满足和身体上的健康，而这也正是文明社会所缺失的。

在离开撒哈拉17年后，勃德莱始终保持着从阿拉伯人那里学来的生活乐趣：愉快地接受那些已经发生的事情。在深深的绝望里，看到美好的风景，这种生活哲学，比服用一千服镇静剂更能安抚他的紧张情绪。

为最纯的梦想，尽最大的努力

每个人每天至少有五分钟是愚蠢的。所谓智慧就是一个人如何不超过这五分钟的限度。

以前我常常将自己的不顺利怪在别人头上，怪别人不认真，怪别人太冷漠，怪别人不理解我的好主意，甚至怪别人抢我的风头……随着年岁的增大，我才发现所有的不幸，归根结底，责任都在自己身上。我是幸运的，现在已经认识到了这个问题，但许多人一直到老才明白这个道理，结果后悔也来不及了。就像拿破仑在滑铁卢战败后时说的："除了我自己，没有人应该为我的失败和错误负责。我是自己最大的敌人，也是自己不幸命运的根源。"

人生从来没有完美无瑕，幸福不会随便加分给任何一个人，正视这一点，然后才可以正确地看待自己的缺点和不足，然后尽最大的努力改变自己的现状。超越自己，才可以俯瞰世界。

H．P．霍华先生在纽约大酒店突然去世时，消息震惊了华尔街，传遍了全美国。作为美国财经界的领袖人物，美国商业银行和信托投资公司的董事长，以及几家跨国公司的董事，他的去世在社会上产生了巨大的影响。但这样一个非凡的人物，却没有受过任何正规教育。他一开始只不过是在乡下的小商店里当店员，成为美国钢铁公司的贷款部经理后，通过不懈的努力，社会地位越来越高，影响也越来越大。

我曾经拜访过他，霍华先生告诉我："长期以来，我一直保持写工作日记的习惯。家人从来不在星期天晚上打扰我，因为他们知道，那天晚上我在做自我反省，回顾和检查一周的工作。渐渐地，我犯错误的几率越来越少，而这种自我反思的方法一年年坚持下来，对我的人生大有裨益。"

霍华的做法可能是从富兰克林那里学来的，但富兰克林不会等到星期天晚上，而是每天晚上就将当天做过的工作重温一遍。他发现自己有13项十分严重的错误，其中三项是：浪费时间、为小事烦恼和喜欢辩论。睿智的富兰克林懂得，如果他不能克服这些缺陷，他就没办法取得伟大的成就。于是，他每周会挑一项缺点并与之斗争，并且将当天的输赢结果记录下来。这种每周改掉一个坏习惯的战斗持续了两年多。正是这种努力，使他成为美国有史以来最受人敬爱，也最具有影响力的人物之一。

亲爱的女士们或许会觉得这种严格的自我反省不合自己的胃口，那么请让我引用著名演奏家赫伯·阿尔伯特的一句话："每个人每天至少有五分钟是愚蠢的。所谓智慧就是一个人如何不超过这五分钟的限度。"让我们看看怎样只避免这五分钟的错误好了。

愚蠢的人受一点儿批评就会气急败坏，而有智慧的人却急切地希望从那些责备他们、反对他们、阻碍他们的人那儿学到更多的经验教训。诗人惠特曼说："难道你的一切知识只是从那些羡慕你、恭维你、和你站在同一阵线的人身上学来的吗？从那些反对你、指责你、阻挡你的人那里学到的东西，也许要更多。”

不要等着敌人来批评我们，我们来做自己最严格的批评者，要在敌人指责我们之前，找出自己的缺点并加以改正。如果有人骂你是一个傻瓜、花瓶，你会怎么办呢？生气？觉得难以忍受吗？看看林肯是怎样做的：

有一次，战争部长埃德温·斯坦顿大骂林肯总统是一个笨蛋——因为林肯直接干涉了斯坦顿的业务，为了迎合一名自私的政客，林肯签发了一项命令来调动部分军队。斯坦顿不仅拒绝执行林肯的命令，而且大骂林肯。后来呢？当林肯听到斯坦顿的指责后，十分坦然地回答：“如果斯坦顿说我是个笨蛋，那我一定就是个笨蛋，因为他几乎从来没有出过错，我得亲自去问问。”

林肯果然去见了斯坦顿，斯坦顿向他解释了签发这项命令可能带来的严重后果，于是林肯收回了成命。只要是诚意的批评，并且有足够的事实依据，具有一定的建设性，林肯都非常乐意接受。

即使是女士，也应该乐于接受这样的批评，因为没有人能做到不出错，甚至无法保证能把75%的事做对。世界上最著名的科学家爱因斯坦甚至承认，自己的思想在百分之九十九的时间都是错的。

法国作家拉罗什富科说：“**敌人对我们的看法比我们自己的观点可能更接近事实。**”正常情况下我不反对这句话，但是一旦有人批评我的时候，一不留心我就会马上进行反驳——甚至还不清楚批评我的人要说些什么。一遇到这种情况，我总是非常懊恼，人们都不喜欢接受批评，总是喜欢听到别人的赞美，而完全不管这些批评或者赞美是否符合事实。由此可见，人并不是一种逻辑动物，而是一种情感动物，我们的思想逻辑就像一叶独木舟，在深邃、阴沉，经常刮起狂风暴雨的情感之海里漂来荡去。

女士们，如果听到有人说我们的坏话，请不要本能地为自己辩护——每一个傻瓜都会这么做。我们要与众不同，要谦虚，要明理，要去和那些批评我们的人做朋友，要告诉自己“**如果批评者知道我全部的错误，他的批评一定会比现在更严厉**”，只有这样，我们才能赢得他人的喝彩。

我认识一个肥皂推销员，他就常常请别人来批评自己。刚开始推销肥皂时，他总要很久才能获得一笔订单，业绩这么差，他很担心会失去这份工作。他觉得肥皂的质量和价钱都没有什么问题，那问题一定出在自己身上。于是每次生意失败后，他总在街上来回踱步，想要弄清楚到底是哪里出了问题：是不是说话太含糊？是不是态度不够热诚？为了弄清楚问题所在，他勇敢地回到客户那里，对他们说：“我回来不是推销肥皂。而是希望得到忠告和批评，可不可以告诉我，几分钟前我推销肥皂时，有什么地方做得不对？你们的经验比我多，也比我成功，我做得不对的地方，请不加掩饰地告诉我。”

这种诚恳的态度使他赢得了很多朋友和很多珍贵的忠告。

你猜后来怎么样？今天他是ＣＰＰ肥皂公司——全世界最大的肥皂公司的董事长，他的名字叫Ｅ．Ｈ．李特，去年，全美国只有14个人收入比他多。

只有非凡的人才能做到H．P．霍华、富兰克林和E．H．李特的自律、自省和努力。女士们，现在，你何不去面对镜子，问问自己到底属于上面的哪一类人？

要想不因为他人的批评而烦心，可以践行这句话：留下自己干过的傻事记录，检讨自己吧！我们不可能做到完美无瑕，那就让我们按照E．H．李特的办法，请别人给我们坦率、有益、建设性的批评吧！

把心放低一点，脚步会更从容

我们总是习惯了仰望，却忽略了低处，说不定那里也有美丽的风景。

玫瑰固然芳香美丽，但也有骇人的尖刺；大海固然令人神往，但也有风暴海啸。我们所在的世界尽管不完美，但我们却可以尽力修炼出一种完美的生活态度。请你仍然以一颗宽容的心，去爱这个世界，把心放低一点，脚步会更从容。

你想不想得到一个快速有效的驱除烦恼的办法？卡瑞尔是个聪明的工程师，也是卡瑞尔公司的老板，他开创了空调制造行业。我们在纽约的工程师俱乐部共进午餐时，他亲口告诉了我这个办法。

卡瑞尔先生说："年轻的时候，我在纽约州水牛城的水牛钢铁公司做事。有一次我要去密苏里州水晶城的匹兹堡玻璃公司的下属工厂安装瓦斯清洗器。这是一种新型机器，我们经过一番精心调试，克服了许多意想不到的困难，机器总算可以运行了，但性能没有达标。

"我对自己的失败深感惊诧，仿佛当头挨了一棒，竟然犯了肚子疼，好长时间没法睡觉。最后，我觉得忧虑并不能解决问题，便琢磨出一个办法，结果非常有效——这个办法我一用就是

30年——其实很简单，才有三个步骤：第一步，我坦然地分析我面对的最坏的结局，如果失败的话，老板会损失二万美元，我很可能会丢掉工作，但没人会把我关起来或枪毙掉。

“第二步，我鼓励自己接受这个最坏的结果。我告诫自己，我的历史上会出现一个失败点，但我还可能找到新的工作。至于我的老板，两万美元还赔得起，权当交了实验费。接受了最坏的结果以后，我反而轻松下来了，开始感受到内心终于得到了平静。

“第三步，我开始把自己的时间和精力投入到改善最坏结果的努力中。

“我尽量想一些补救办法，减少损失的数目，经过几次试验，我发现如果再用五千元买些辅助设备，问题就可以解决。果然，这样做了以后，公司不但没损失那两万美元，反而赚了一万五千元。

“如果我当时一直担心下去的话，恐怕再也不可能得到这个结果了。忧虑使人思维混乱，忧虑的最大坏处，就是会毁掉一个人的能力。当我们强迫自己接受最坏的结局时，我们就能集中精力解决问题。

“由于这个办法十分有效，我多年来一直使用它。结果，我的生活里几乎很难再有烦恼了。”

为什么卡瑞尔的办法这么有实用价值呢？从心理学上讲，它能够把我们从灰色情绪中拉出来，使我们的双脚稳稳地站在地面。只有我们脚踏实地，一心做事，才有把事情做好的可能。

应用心理学之父威廉·詹姆斯教授已经去世很多年了，假如他还活着，听说了这个公式也一定会深为赞赏的，因为他曾说过：**“接受现实，是克服不幸的第一步。”**

林语堂在他那本深受欢迎的《生活的艺术》里也说过同样的话，这位中国哲学家说：“心理上的平静能顶住最坏的境遇，能让你焕发新的活力。”这话太对了！接受了最坏的结果后，我们就不会再损失什么了，这就意味着失去的一切都有希望赢回来了。

可是生活中还有成千上万的人为愤怒而毁了生活，因为他们拒绝接受最坏的境况，不肯尽可能地挽救灾难带来的后果。他们不但不重建心灵大厦，反而得了忧郁症。

住在麻省曼彻斯特市温吉梅尔大街52号的艾尔·汉里在波士顿史蒂拉大饭店给我讲过他的故事：

“20年前，我因为常常发愁，得了胃溃疡。一天晚上，我的胃出血了，被送到芝加哥西比大学的医学院附属医院，体重也在几天内从170磅降到了90磅。我的病非常严重，以至于医生连头都不许我抬，医生们认为我的病没得治了。我只能每小时吃一匙半流质的东西。每天早晚护士都用一条橡皮管插进我的胃里，把里面的东西洗出来。

“这种情况持续了几个月……最后，我对自己说：‘你睡吧，汉里，如果你除了等死之外没有什么其他的指望的话，不如充分利用你余下的生命。你一直想在你死之前周游世界，如果你还有这个愿望，只能现在就去实现了。

“当我告诉医生我要去周游世界的时候，他们大吃一惊。他们警告说，这是不可能的，如果我去周游世界，我就只有葬在海里了。‘不，不会的’，我说，‘我已经答应过亲友，我要葬在雷斯卡州我们老家的墓园里，所以我打算随身带着棺材。’

“我买了一具棺材，把它运上船，然后和轮船公司商量好，万一半路上我死了，就把我的尸体装进这口棺材中，放在冷冻仓中，运回我的老家。我踏上了旅程，心里默念着奥林凯莉的那首诗：

啊！在我们零落为泥之前，

怎能辜负欢乐的时光？

化为泥土，死后长眠，

就会没有酒、没有歌、没有舞蹈，而且看不到明天。

“我在洛杉矶坐上亚当斯总统号向东方航行时，精神已经感觉好多了。渐渐地，我不再吃药，也不再洗胃了，又过了段日子，我可以吃东西了——甚至包括许多奇特的当地食品和各种调味品——在医生看来，这些都是会让我送命的食品。几个星期过去了，我甚至可以抽长长的黑雪茄，喝上几杯老酒。

“我们在印度洋上碰到季风，在太平洋上遇到台风，可我却尝到了冒险的极大乐趣。

“我在船上玩游戏、唱歌、认识新朋友，晚上聊到半夜，多年来我从未享受过这样轻松的时光。

“到了中国和印度之后，我发觉自己的私事与在当时的东方看到的贫困和饥饿相比，真是不值一提，我彻底抛弃了所有无聊的忧虑。回到美国后，我的体重增加了90磅，几乎都忘记了我还得过的重病，我从未感到这么舒服、健康。”

艾尔·汉里在潜意识中也运用了威利·卡瑞尔克服忧虑的办法。

“首先，我问自己：可能发生的最坏情况是什么？答案是：死亡。

“第二、我让自己准备好迎接死亡。我别无选择，几个医生都说我没有希望了。

“第三，我想办法改善这种状况。办法是：尽量享受剩下的这点时间，如果我上船后继续忧虑下去，毫无疑问我会躺在棺材里结束这次旅行。无非就是死掉而已，我完全放松了，也忘记了所有的烦恼，而这种心理平衡，使我产生了新的活力，拯救了我的生命。”

忧虑对女人的损害更大，它除了会带来一系列疾病之外，还会侵蚀女人的容貌，让女人未老先衰；同时，在生活、家庭和职场中，往往还会给女人增添很多自身之外的忧虑。可以说，忧虑仿佛更青睐女人，亲爱的你，如果有忧虑，就要赶紧排除它。你可以用威利·卡瑞尔的这个万灵公式，做下面三件事：

一、问你自己："可能发生的最坏情况是什么？"

二、做好准备迎接它。

三、镇定地想方设法改善最坏的情况。

然后，用快乐的心情一脚把忧愁踢走。

总有一天，你会成为最好的女孩

真诚的鼓励可以让每一个平凡的孩子继续她的梦想，明确的目标可以让每一个看起来不可能实现的愿望梦想成真。

整形外科医生马克斯韦尔·莫尔兹博士说：任何人都是目标的追求者，一旦达到一个目标，第二天就必须为第二个目标动身起程了……人生总是像行驶在高速路上的车子，不断起跑、飞奔、修正方向……不犹豫地面向前方奔跑，总有一天，你会成为最好的女孩。

一个小女孩名叫罗丝，有一天，老师让学生们把自己的梦想写出来。罗斯写的梦想是拥有一个大农场，甚至还画了一张农场的设计图。老师判她的答卷不及格，还说罗斯是在做白日梦。老师认为，建农场是一笔很大的开销，而罗斯又是个弱小的女孩，既没钱又没家庭背景，怎么可能实现这个愿望呢？罗丝却很认真，她把自己的梦想细细地描述出来，并且还确定了每个不同阶段的目标，之后她就朝着这个目标努力。多年后，罗斯终于有了一座属于自己的农场。有意思的是，当年那位老师还带着学生来这里参观，当然，这位老师对自己当年的做法惭愧极了。

我的朋友巴罗是一名马戏团的驯兽师。我很喜欢看他训练动物，我注意到，每当一只动物的动作有了进步，巴罗就会亲热地拍拍它的脑袋，称赞它的聪明劲儿，还要奖励它一块肉。巴罗的方法正是几个世纪以来训练动物的寻常技巧，只是我忽然想到，人们对待别人的时候，为什么总是习惯使用皮鞭，而不是肉呢？换句话说，人们都习惯了给别人批评和责怪，甚至嘲笑，而不习惯赞赏别人。但实际上，即使一个人只有一点小小的进步，只要得到称赞，就可以得到继续前进的动力。

五十年前，一个十岁的穷孩子有一个理想，希望自己将来能成为一个歌唱家。可是，他的第一位老师非但没有鼓励他，还打击了他的梦想，老师说："你怎么能唱好歌呢？你的嗓子很差劲，唱起歌来难听极了。"孩子的母亲是个贫苦的农家妇女，她却搂着自己的孩子，称赞、鼓励他。她对自己的儿子说，他一天天在进步，歌声越来越好听了！母亲光着脚去做工，为的是省下钱来给儿子付音乐班的学费。那位农家母亲的鼓励和称赞，终于改变了孩子的一生——这个孩子就是杰出的歌唱家卡罗沙。

真诚的鼓励可以让每一个平凡的孩子继续她的梦想，明确的目标可以让每一个看起来不可能实现的愿望梦想成真。比起鼓励或挫折，更重要的是我们要保持必胜的信心和坚持下去的意志。

生命有时一片光明，有时会深陷黑暗；有时让人站在人生的巅峰，有时又会将人抛入低谷。挫折是人生旅途中必经的一站，如果我们退缩了，挫折并不会因为你的逃避就放过你。勇敢地接受生活的考验，坚持自己的梦想，总有一天，你会成为最好的女孩。

达娜 · 侯赛因是伊拉克一名喜欢跑步的女孩，但是在她的国家中，不允许女孩子抛头露面，更别说穿着短裤背心进行体育比赛了。但达娜并没有退却，没有鞋，她就穿着淘来的二手跑鞋偷偷去体育场练习跑步。但不久后，伊拉克战争爆发了，以美国为首的各方军队在伊拉克打成一团。为了赶去训练，她的教练不得不开着车载着她，冒着枪林弹雨，在一天中8次穿过交战地带才到达了集训地。

即使这样，达娜也没有泄气，她说："如果街道被封锁了，我就换个地方训练，如果枪战发生了，我会绕路走，因为我要实现我的目标。"达娜的成绩不错，她是伊拉克女子100米和200米的全国纪录保持者，她赢得了参加奥运会的资格。达娜的目标很明确，去参加在北京举行的奥运会，她并不奢望能够拿到奖牌，只要能在奥运会的100米和200米的赛道上跑出自己的成绩就满足了。

达娜的心愿被《芝加哥论坛报》报道后，一位名叫劳拉·哈根的美国女律师，为达娜邮去一双最新款的跑鞋，并汇去了达娜的训练经费以及去北京的路费。哈根在写给达娜的信上说，"一名选手怎能没有自己的跑鞋？我不是体育迷，但我支持你，我希望能在奥运会的赛场上看到你。"

但是，命运多舛，现实经常与理想开残酷的玩笑。就在达娜准备动身的时候，伊拉克与国际奥委会产生了矛盾，决定不派运动员去北京参加奥运会了。听到这个意外的消息后，达娜流下了伤心的泪水。教练为了宽慰这位21岁的女孩，说："没关系，这次奥运会不能参加，你还可以参加下次奥运会。"达娜难过地回答："但战争还在继续，谁知道4年后我还会不会在人世？"

只要你知道自己去哪儿，全世界都会为你让路，奔着目标前行，总有一盏绿灯为你亮起。经过奥委会的努力，在最后关头，达娜终于获得了北京奥运会的参赛资格。8月16日这天，达娜如愿站到了北京鸟巢体育馆的田径跑道上，看到了达娜，现场的人们纷纷报以热烈的欢呼声，她成功了！虽然以她的成绩并没有进入下一轮比赛，但是达娜说："只要我还活着，我就不会放弃训练和比赛。"

实现梦想的道路上困难重重，有岔路也有障碍，也许你正在焦虑或者苦苦寻找，但是不要灰心，机遇属于坚持的人，只要你有明确的目标，抓住一切可利用的资源寻找机会，总有一天，你会梦想成真，成为最好的女孩。

守稳初心，光明就在转角处

最重要的是，不要去看远处模糊的影子，而要去做手边清楚的事。

著名专栏女作家迪克斯说："我经历过贫困的深渊，别人问我是怎么熬过来的？我回答：'熬得过昨天，我就过得了今天，我决不去想明天会是什么样子！'我深深知道挣扎、焦虑和绝望的滋味，过去，我总是陷入过度劳累中。我过去的生活就像满目疮痍的战场，充满了破碎的梦想和希望的幻觉。总是回忆过去，就像揭开旧伤疤，会令我提前衰老。

"我从不为过去悲伤，我也不羡慕比我过得好的人。因为我真正有血有泪地活过。我饮遍了生命之杯的每一滴的滋味，而别人只是浅尝了一口泡沫。我了解很多别人根本不会知道的事情，走过很多别人根本没办法走过的路。这让我能够看清每一件事，因为只有泪水洗过的眼睛，才更清澈开阔。

"我一点不为曾经受过的苦感到遗憾，因为我从那些痛苦中真正体会到了生命的意义。我发现了一个生活的哲理，那就是'**活好今天，绝不替明天烦恼。**'明天是什么样子，谁都不知道，所以我没必要去担忧，假若困难真来了，那就'兵来将挡，水来土掩'好了。"

有年春天，一名蒙特瑞综合医院的医科毕业生感觉忧虑极了：我怎样才能通过期末考试？毕业后该做些什么？该到什么地方去？怎样才能开诊所？怎样才能谋生？他拿起一本书，看到了对他的前途有着很大影响的24个字。这24个字使这位年轻的医科学生成为当时最著名的医学家。他创建了闻名全球的约翰·霍普金斯医学院，成为牛津大学医学院的终身客座教授——这是英国医学界所能得到的最高荣誉——他还被英王封为爵士。

他就是威廉·奥斯勒爵士。那年春天他所看到的那24个字帮助他度过了快乐的一生。这24个字就是：“**请注意，不要去看远处模糊的影子，而要去做手边清楚的事。**”这是文学家汤姆斯·卡莱尔的一句话。

42年后，在开满郁金香的校园中，威廉·奥斯勒爵士向耶鲁大学的学生发表了讲演。他对学生们说：“像我这样一个人，曾经在四所大学里当过教授，写过很畅销的书，似乎应该有‘不凡的头脑’，不是的，好朋友们都说我的头脑普普通通。”

那么，威廉·奥斯勒爵士成功的秘诀是什么呢？他认为，是因为他生活在“一个完全独立的今天”里。

“一个完全独立的今天”是什么意思？

在去耶鲁演讲之前，威廉·奥斯勒曾经乘坐一艘很大的海轮横渡大西洋。他看见船长在驾驶舱里按下一个按钮，在机器一阵“吱嘎”的响声后，船舱内部立刻彼此隔绝成几个防水的隔舱。奥斯勒博士对耶鲁的学生说：“你们每个人的头脑机制都要比那条大海轮更精美，而且要走的航程也遥远得多。我想奉劝诸位：你们也应该学会控制自己的一切。只有活在一个‘完全独立的今天’中，才能在航行中确保安全。在你的驾驶舱中，每个大隔舱都有各自的用处。按下一个按钮，用铁门把过去隔断；按下另一个按钮，用铁门把未来也隔断。这时，你拥有的今天已经完全呈现在你面前——埋葬已经逝去的过去，把未来紧紧地关在门外。不念过去，不畏将来，你的希望只存在于今天，未来只是今天的延续。只要做好手边的事，光明就在转角处！”

奥斯勒博士是不是主张人们不用下工夫为明天做准备呢？不，绝对不是。他接着说，集中所有的智慧，所有的热情和耐心，**把今天的工作做得尽善尽美，就是你迎接未来的最好方法。**

奥斯勒爵士建议耶鲁大学的学生们在一天开始时对自己说：“我们将得到今天的面包。”这句话中仅仅要求今天的面包，并没有抱怨昨天吃的面包酸，也没有说：“噢，天哪，麦田里最近很干枯，可能又遇到一次旱灾，我们到秋天还能吃上面包吗？或者，万一我失业了，那时我怎么弄到面包呢？”这句话提醒我们，我们只可要求今天的面包，守住初心，不想太多。

很久以前，一个一文不名的哲学家流浪到一个贫瘠的小乡村，那里的人们过着非常艰苦的生活。一天，在山顶上的人群中，哲学家说出了一段名言，这段话经历了几个世纪，世世代代地流传了下来：“不要为明天忧虑，因为明天自有明天的忧虑，一天的难处一天受就足够了。”

很多人都不相信这句“不要为明天忧虑”，把它当做一种多余的忠告，或者把它看作宿命类的哲学，他们说："我一定得为明天忧虑啊！我得为家庭多攒点钱，我得把钱存起来留着养老，我一定得为将来孩子上学做计划和准备。"没错，这些话都对。其实，我认为，哲学家说这句话更多想表达这个意思："不要为明天着急。"

不错，一定要为明天着想，要认真地为明天考虑、计划和准备，可是不要为明天着急，而是要把全部精力放到过好今天。今天，就是你最值得珍惜的，就像英国女首相玛格丽特·撒切尔说的那样：幸福不是什么都不用做，而是给自己安排满工作，到傍晚自己感觉疲倦的时候，就知道自己过了充实的一天。

活好每一天，就是活好一辈子

节省时间，就是使一个人有限的生命更加有效，就等于延长了生命。

那些在事业上取得成就的人，都深深知道时间的价值，德国哲学家叔本华曾说：普通人只想到如何度过时间，可是有才能的人却设法利用了时间。每天只有二十四个小时，你是否想知道，那些最忙的女性是怎样在短短的时间内完成巨大的工作的？

每天，罗斯福总统夫人的日程表都排得满满的——写作、在各地演讲、开展外交活动，很多年龄还没她一半大的女性也难以胜任这些繁重的工作。她在纽约刚接受过我的采访，立刻就飞往另一个城市参加集会。当我向她询问，如何才能有效地安排要完成的事情，她的回答简单明了：**“我从不浪费一点时间。”**罗斯福夫人告诉我，她每天天不亮就起床，一直工作到深夜。那些在报上发表的专栏，都是利用约会或会议之间的空当完成的。

每个人都拥有二十四个小时，和罗斯福夫人一样，而我们又是如何度过的呢？我们总是没时间做自己喜欢的事；没时间读一些好书；没时间学习自修课程；没时间带孩子去动物园；没时间参加家长与老师之间的联谊会等等有益的事……

《如何创造婚姻生活》的作者保罗·波派诺博士在自己的书

中说：“很多女性都觉得做家务占用了太多时间，这种想法并不正确。如果女性将她一星期内的时间安排详细记录下来，结果一定会让她大吃一惊。”如果你也这样记录一下，你会惊讶地发现，类似“十点至十点十五分，和马蓓儿电话聊天”“下午一点至二点，和邻居聊天”“八点至下午三点，和哈力叶特逛街，并在外面吃午餐”这样的记录太多了。当记录了一个星期以后，你将会清楚地发现自己在平常的生活中是如何浪费了时间。

我们每天浪费的时间简直是数不胜数，比如等待某人的电话；等候公共汽车和地铁；在美容院的冷气机下面发呆，为什么我们不能将这些时间好好利用起来呢？

已故的哈尔兰 · F. 史东先生是美国最高法院的首席法官，他就非常懂得利用这些时间。有一次，他对一个大学应届毕业生说：**“有很多重要的事情通常用十五分钟就能够完成，但是人们往往会忽视这段时间，将它浪费掉。”**

约 · 基尔兰先生是个“万事通”。人们经常看见他在乘坐地铁的时候，聚精会神地看《济慈诗集》，或是一些专业论文。塞尔德 · 罗斯福总统的桌上总是放着一本书，当他的约会之间出现一个空档，他就开始看书，有时甚至只有二至三分钟时间。他的儿子小塞尔德 · 罗斯福曾经描述过：“我父亲的卧室里总有一本诗歌集，当他在穿衣服的时候就能够背下一首诗。”

现实生活中有很多人不会比美国总统更忙碌，但他们常常叫喊：“我太忙了，哪有时间看书啊！”

如果你也是这样，总感到没时间，就请看一下萨尔瓦多·S.盖塞缇夫妇如何用高效率的方法进行家庭管理。

萨尔瓦多先生是个资深的顾问工程师，他的妻子迪娜·盖塞缇是他的助手。平时，盖塞缇太太除了照顾他们的三个儿子，料理一成不变的家务以外，还为她的丈夫做秘书、会计、人事经理和研究助手，同时还负责地方社团和教师家长的联谊会工作。

她在写给我的信中说："家里有了三个活泼的小家伙，庞大的房间和花园就更加需要整理；我还要做丈夫的秘书，为他整理文章，构思改进方案，还要提醒他的日程安排；此外还要负责社团活动、宣传文化、宗教的社会职责，我的工作比别人多出两倍。当我给孩子们热奶瓶的时候，当我打扫清洁的时候，都会想出许多增加工作效率的方法。尽可能用最短的时间做完基本的工作，就能够拥有更多的时间做自己喜欢的事情。

"有时候，我们会抛开所有日常事务，集中精力去做一件特殊的事情——我们制订的工作进度表非常有弹性，不是一成不变的。这样有效率有秩序的计划，让我们的生活既充实又富于变化，我感觉十分幸福。"

盖塞缇夫妇懂得如何协调工作和生活的关系。他们的态度是追求成功者必须有的态度。或许你已经发现，那些推动本地社团工作或负责家长教师联谊会的人都是你身边最忙碌的人。但是，她们看上去总是比懒人有更多的时间。难道她们是雇了两个女佣或者没有孩子，每天在床上吃早餐，下午打桥牌的太太？事实并不如此，这些做很多事情的年轻女性都有自己忙碌的工作，都有孩子，还有一个同样忙碌的丈夫，那她们如何能够完成那么多的事情？这仅仅是因为她们会合理安排自己的时间。

属于我们的这个社会很忙碌，白天的时间总是不够用，牺牲睡眠时间来工作，只会让自己焦虑、易怒、思维混乱，因此我们能做的，只有时间管理一条路。为了帮助你能更有效地利用时间，请学会以下规则：

真实记录每天用的时间，检查时间浪费在哪里。

制订下周的时间计划。合理安排每一件事情。也许会出现计划外的事情。但如果坚持按工作计划表行事，你会发现时间增加了。

使用省时省力的方法。比如一次买完所有东西或计划出一个星期的菜单。

利用每天“浪费掉的时间”去做你从没时间做的事。

提高工作效率，用一份时间做两倍工作，盖塞缇太太热奶瓶的时候，会同时帮丈夫制订活动计划；等待烤箱中的肉熟时，会处理公文；看着孩子们在公园玩耍时，会做些织补活儿，这就是用一个小时完成两个小时的工作。

充分利用网络化，以节省时间。

学习聪明地购物，减少逛街的时间。

专心致志工作时，不去理会杂事。你的朋友很快会知道你接待客人的固定时间，同时也会佩服你的时间效率。

在亚尔诺德·白力特的《如何充分利用二十四小时》一书中，他这样感慨：“当你清晨睁开眼睛，像变魔术一般，你的生命里就拥有了还没使用的二十四小时！它是你的，是你最宝贵的财产。”

每个人在他的一生中都曾经对自己说过：“假如再给我一点时间，我会不会做得更好？”但实际上我们永远也得不到更多的时间。记住，**我们只拥有今天的二十四小时。**

生活的不美满，往往都是因为一些小事。

*

我们一般都能很勇敢地面对生活中那些大的危机，却常常被一些小事搞得垂头丧气。

*

心理上的平静能顶住最坏的境遇，能让你焕发新的活力。

*

有很多重要的事情通常用十五分钟就能够完成，但是人们往往会忽视这段时间，将它浪费掉。

*

熊熊的热忱，切实有用的知识与坚韧不拔，是最能造就成功的品性。

DALE CARNEGIE

L o v e l y R i t a

第 6 章

优雅的魅力：请尽情挥霍你的温暖

我们都是孤独的刺猬，
只有懂得的人，
才能看见彼此内心深处不为人知的优雅，
在偌大的世界中，
我们会因为这份珍贵的懂得
而不再孤独，
请永远记住这照耀过心灵的温暖阳光。

爱笑的女人，运气不会太差

如果你希望别人对你微笑，你首先要对别人微笑，你的微笑价值百万。

几年前，我的一位法国朋友邀请我到巴黎去，并且带我参观了著名的卢浮宫。当我们经过达·芬奇的名作《蒙娜丽莎的微笑》时，我的朋友对我说："看啊！戴尔，这就是卢浮宫的珍品中的珍品，瑰宝中的瑰宝！"我说道："我知道它的名头很响，但我似乎并不能领会到它的真正价值。"我的朋友说："你不觉得画中的女人很有魅力吗？事实上，这幅画真正让世人为之痴迷的，正是蒙娜丽莎那矜持的微笑。她的微笑太迷人了，以至于让很多学者都潜心研究蒙娜丽莎微笑的秘密。"

微笑的力量真是太神奇了，简直是妙不可言。人类是上苍最眷顾的宠儿，因此上苍也把笑赐给了人类，使它成为了人类所拥有的特权。爱笑的女人运气不会差，女士们，你们必须清楚，我希望你们能够微笑地面对别人，并不仅仅是想让你成为最受欢迎的女士——事实上，这也是让你每天都生活在快乐之中的最好方法。

纽约一家大百货公司里的一位人事主任，跟我说过，他宁愿雇一个笑呵呵的小学没毕业的女孩，也不愿意雇用一个脸若冰霜的哲学女博士。因为在他看来，甜美的微笑比任何花哨的言语都更具说服力。作为一位女士，不管是不是外表迷人，只要你能够向别人微笑，那么你无疑就是向别人表示："知道吗？是你给我带来了快乐，能够见到你，我非常高兴。”能给顾客带来一种如沐春风的感觉，这一点在百货公司中，比什么都重要。

爱笑的女人，运气不会太差。专栏女作家迪克斯曾经和朋友一起共进午餐。其间，朋友发现迪克斯有些闷闷不乐，就问她是不是发生了什么事，迪克斯叹了一口气说：“我刚雇的那个速记员太差劲了。她经常会拼错字，速度还很慢，记录也不准确。老天！当初我怎么会雇她！”朋友说：“如果她一直这个样子的话，你应该和她谈谈，实在不行，就只好辞退她。”迪克斯点了点头。

一年后，迪克斯再一次和朋友说起这件事时，居然有些惋惜地说：“真遗憾，我上次和你说的那个速记员因为要结婚，所以辞职了。”朋友不解地问：“当时你没有辞退她？应该是她后来变得很优秀吧？”迪克斯笑了笑说：“进步？不，事实上她到现在还是经常出错。之所以没有辞退她，是我发现，她虽然工作能力不强，但是每天快乐地像阳光一样，能给整个办公室带来一种非常温暖的感觉，因此整个办公室工作人员的关系相处得都很融洽。光是这一点，就值得继续雇佣她！”

创建了伯利恒钢铁公司的查尔斯·施瓦布曾经告诉过我，**他的微笑价值一百万元**。施瓦布从一个一文不名的马车夫、建筑工人，成为布拉德钢铁厂总经理、卡内基钢铁公司总经理，最后创建了伯利恒钢铁公司，担任了美国钢铁联合会主席。他的成就该归功于他的人格魅力和个人能力。而在他的人格魅力中，最受欢迎的就是他笑眯眯的样子，有些人看来，这甚至是他成功的秘密武器之一。

如果你希望别人对你微笑，你首先要对别人微笑。我曾经向上千位商界人士布置了个作业：每时每刻，见人就笑。一周后，再回讲习班讲讲自己的心得体会，后来，我收到了来自纽约证券交易所的斯坦哈特先生的这封信：

“我结婚十八年了，这些年，在家里，我是一个很严肃的人，不苟言笑。即使是我太太也很少看到我微笑的样子，渐渐地，我们之间的话越来越少。由于这次在培训班中接受了微笑的任务，我就试着微笑了一个星期。尝试微笑的第一天早晨，我梳头的时候，从镜子里看到了自己那张紧绷绷的脸，现在回想起来，那张脸简直像石头一样僵硬，甚至有点可怕。于是我命令自己说：你今天必须松开那张生硬得像石膏像的脸！从现在开始，笑一下！

“吃早饭的时候，我努力微笑着向我太太说：‘亲爱的，早！’之前你曾经告诉过我她的反应将会很好，她一定会很惊奇，但你还是低估了她的反应。事实上，当时她完全愣住了，但可以看得出她又惊讶又高兴，我太太一直希望家庭里能开开心心，笑意融融。现在，我家的氛围已经完全变成了这个样子。

“接着，我在去办公室的路上，会对电梯员微微一笑说：‘你早！’我会对门卫投之一笑；去柜台换钱时，对柜台里的办事员，我笑意盈盈……在交易所里，对那些不认识的人，我也面带微笑点头致意。

“没过多久，我发现每一个人见到我时，都向我回报以微笑。对那些来向我诉苦的朋友，我用关心、亲切的态度听他们诉苦，只要我面带微笑，即使他们得不到什么实质性的帮助或者建议，他们的苦恼情绪好像也得到了很好的化解。我发现，因为微笑，我的业务明显增多了；因为微笑，很多客户成了我的老主顾，甚至介绍其他客户和我认识；因为微笑，我财源滚滚……

“我一直和另外一个经纪人合用一间办公室。他有个年轻的助理，渐渐地，那个年轻人对我有了好感。那个年轻人对我说，他刚来这间办公室时，认为我是一个面目可憎，脾气很坏的人，而最近这段时间，他对我的坏印象已经彻底扭转了。他还说：你笑的时候很有人情味！

“我还改掉了喜欢批评人的习惯，把斥责、嘲笑的话，换成了赞赏和鼓励。我再也不会强调我需要什么，而是尽量去接受别人的观点。微笑已经改变了我的生活，现在的我与从前的我判若两人，我成了一个比过去更快乐，更富有的人。”

你会觉得自己笑不出来？没关系，你可以尝试这样做：**首先，逼自己微笑，独自一人的时候，还可以吹吹口哨，哼哼歌，尽量让自己有个高兴的样子**，这样你会真的快乐起来。

你可以时刻把自己想象成满腹经纶，待人诚恳的高贵女人。人一旦有了这种想法，便会时刻不忘督促自己、改变自己，你就会真会变得优秀起来。心态可以形成一股极大的力量来改变自己，只要把这种想法孕育在心里，就会有相应的收获。所以，请在心底种下你的微笑，抬起头，我们就会是明天的主宰。

习惯给别人点个赞

给别人点个赞，是一种激励，也是认同，能够使别人发挥出最大能力，也能给我们带来内心的满足。

世上最美好的事无疑是相爱的人走到一起，爱情的意义就是丰富慷慨地给予。很多女士在大事上做出了牺牲，在小事上却斤斤计较，缺乏大度的精神。比如，不能平静地对待丈夫的前女友，如果你丈夫今天不小心提及他今天碰见了前女友，你应该怎么做？骂一顿撒撒气还是酸溜溜地问一句，那个女生是不是还那么不成熟？这样男人只会暗自嘲笑你。你可以适当夸夸这位前女友，如果你不是知道很多情况，那么至少也要编几句。

我的父亲在和母亲结婚之前，曾经与一个漂亮的红发少女订过婚。每当母亲称赞那个女孩又美丽又有人缘的时候，父亲总是一边装出若无其事的样子，一边不好意思地偷笑。因为父亲觉得母亲更漂亮，母亲也知道这一点。但是母亲夸奖父亲眼光好，父亲总是很高兴，这样也等于间接肯定了母亲的美丽。

关于赞美，以前总有这样一种模式：要想让男人陶醉倾心于你，你要在他说话时钦佩地望着他说：“哦，我从没听这么有意思的话，你真是棒极了！”

这种赞美，已经被很多女孩用过，效果已经不太好。而且，聪明的男人可以分辨出哪一句是真诚的赞美，哪一句只是你随口说说。从这个意义上来说，赞美绝不是一块甜蜜的糖，而是两个人的交流方式。要想赞美得恰到好处，还需要头脑清晰，有感而发，并且简单明白，以免让赞美成为一句没有质量的空话。

无论对女人还是男人，老百姓还是政治家，恰当的赞美都会增进我们与他人相处的质量。

美国总统柯立芝执政时，我的朋友在一次周末应邀到白宫做客。当他走进总统私人办公室时，正好听到柯立芝在向他的一位女秘书说："你今天穿的衣服很漂亮，真是位年轻漂亮的女孩子。"

沉默寡言的柯立芝总统很少赞美别人，这次却对女秘书说出那样的话来，那位女秘书脸上顿时涌现出一层兴奋的红晕。总统接着又说："别难为情，我刚才的话是为让你高兴；现在，我希望你稍微注意一下公文的标点。"

他的这个方法虽然有些生硬，可是运用好了心理学，并改进了秘书的工作。通常，当我们听到别人对自己的称赞后，再听到不愉快的话，会容易接受很多。

理发师在替人修面时，往往先抹上一些肥皂水——威廉·麦金莱在竞选总统时，就运用了这一原理。

当时，一位重要的共和党党员，挖空心思写了一篇他自己相当满意的演讲稿。他意得志满地在麦金莱面前将这篇演讲稿朗诵了一遍，然后，踌躇满志地等待着这位总统候选人的意见。麦金莱听后，觉得演讲稿并不十分妥当，如果就这样发表，有可能会引来不少批评。麦金莱不想对不起他的一番热情，但他又不能肯定这篇演讲稿。

于是麦金莱说："我的朋友，这篇演讲稿真是难得一见、精彩绝伦，就你的写作而言真是无出其右。我相信，在绝大多数场合这篇演讲稿确实都十分适合，但在一些特殊的场合，是不是也合适呢？

"站在你的立场上来讲，无疑是非常合适的；可是我必须从共和党的立场来考虑它的影响。你回去，按照我提出的更加有针对性的几个点，重新写一篇送给我。"

那位党员依言而行，麦金莱又亲自用蓝笔进行了修改。结果，那位党员在麦金莱接下来的竞选活动中居功至伟。

在日常生意上，点赞对人们有用吗？

费城华克公司的卡伍先生是和你我一样的普通人，他是我在费城讲习班里的学员。他在讲习班里讲过这样一个故事：

华克公司在费城承包建筑一座办公大厦，而且特别规定了竣工日期。这项工程本来进行得非常顺利，眼看快要完成的时候，负责铜艺装饰的承包商突然说不能如期交货。

真要这样，整个建筑工程都要停下来。不能如期完工，就要交付巨额罚款。铜艺装饰承包商的延期，导致华克公司将面临惨重损失。

在长途电话中争吵是没用的，于是，卡伍被专程派往纽约当面交涉。

卡伍走进经理办公室，说的第一句话是："知道吗？你的姓名在这个城市中是绝无仅有的。"听了这话，这位经理很意外，他摇头说："我不知道。"

卡伍说："今早我下火车后，查电话簿找你的地址，发现这个城市里，只有你一个人叫这个名字。"

那位经理说："我倒从来没有注意过。"于是他兴致盎然地查看电话簿，果然这样。经理很自豪地说："我的姓名确实不常见，我的祖先原籍是荷兰，搬来纽约已有两百年了。"接着两人谈了会儿经理的祖先和家世。

接下来卡伍又换了个话题，赞美他拥有这样一家规模庞大的工厂。他说："这可是我见过的铜器工厂中最完美的一家了！"

经理说："是啊，我用毕生精力来经营这家工厂，我很自豪，欢迎你参观我的工厂！"

参观时，卡伍很内行地称赞了工厂的组织系统和机器的先进。经理告诉卡伍，先进的机器是他自己发明的。他用了很长时间来说明机器的使用方法和特殊功能。

随后，他坚持请卡伍一起午餐——直到现在，卡伍对于他这次的来意只字未提。

午餐后，经理说："现在言归正传。我当然知道你来这里的目的，但没想到我们谈得这样愉快。”他笑眯眯地说：“你可以回费城了，我保证你的订货会准时送到，即使牺牲了别家的生意，我也愿意。”

卡伍并没有提任何要求，只是不断地为对方的工厂和先进设备点赞，可是他却很顺利地达到了目的。那些材料全部如期运到，而建筑工程如期完成。如果卡伍当时激烈争辩，会不会有这样满意的结果？

所以，使对方痛快地改变主意，就应该：用点赞作为开始，一个人只有给别人微笑，才能换来微笑的回馈，试着用真诚的赞美改变一切吧！

给别人送去一缕阳光

给别人带来阳光的人，不可能把自己排拒在光明之外。

秋天到了，住在田野里的田鼠开始收藏稻谷、玉米和其他食物，有一只田鼠很例外，没有过多地参加食物的收集。其他田鼠问：“杰克，你在干什么呢？”杰克说：“我在收藏阳光和温暖。”“什么？”其他田鼠吃了一惊，以为它在讲笑话。冬季来了，洞穴里阴湿寒冷，这时，杰克拿出阳光，昏暗的洞穴顿时亮起来，大家觉得很温暖，是的，有时候，阳光比食物更加珍贵。

如果我们没有温暖的心态，我们的内心世界只会冻结或枯萎。

美国最早年薪过百万的两个人是克莱斯勒和查尔斯·施瓦布。钢铁大王安德鲁·卡内基为什么要付给施瓦布百万元年薪，换个说法是工作一天就给三千余元，为什么？

卡内基付给施瓦布年薪百万元，难道是因为施瓦布是优秀的天才？不。难道施瓦布的专长很特殊？不，也不是。

施瓦布和我说，他的许多手下，对钢铁业的知识比他知道得多。施瓦布有这样高的薪金，是由于他有特殊待人的能力。我问他是怎么做的，他亲口告诉我——这些话足够刻在铜牌流传后世了，把这面铜牌悬在全国每个家庭、学校、商店和办公室里。让这些话，当在孩子的时候，就应该背诵下来——如果我们真能照着那些话去做，我们的生活方式就跟过去完全不一样了。

施瓦布这样说："我认为，我有激发大家热情的能力，那是我最大的优势……我充分发展每一个人才能的方法，是赞赏和鼓励！"

"世界上最容易摧毁一个人志向的，就是上司给他的批评。我从来不批评任何人，我只给人们工作的激励。对于下属，我总是快快称赞而慢慢找错，如果说我喜欢做什么，那就是**诚于嘉许，宽于称道。**"

施瓦布的做法的确跟一般人相反。一般人不喜欢一件事，总会拼命挑错，如果喜欢，则一句话也不说。

而施瓦布说："我的交际广阔，和世界名人的见面中，我还没有发现一个人——无论他如何伟大，地位如何崇高——不是在被点赞多于被批评的情形下，更能够成就伟大的事业。"

是的，他所说的，也是钢铁大王卡内基取得宏伟成就的一项重要理由，卡内基并非悄悄地，而总是经常公开地称赞他的同事。

卡内基甚至在自己的墓碑上还在称赞他的助手，他为自己写的碑文上说："埋葬在这里的，是个知道如何跟比自己聪明的人相处的一个人。"

诚恳的赞赏，也是洛克菲勒成功待人的一个秘诀。例如有这样一件事：他的合伙人贝德福特，在南美做错了一桩生意，使公司亏损了一百万时，洛克菲勒对他没有任何批评或指责。

他知道贝德福特已经尽力了，而且事已至此，无可挽回。所以洛克菲勒找出了一些值得称赞的理由，他祝贺贝德福特保全了百分之六十的投资金额。洛克菲勒这样说："那已经不错了，我们做事不会每一件都是称心如意的。"

帮助别人的人，也会得到别人的帮助；送给别人温暖的同时自己也会得到温暖。

齐格菲尔德，这位百老汇的伟大歌舞剧明星。他屡次把人们不愿意多看一眼，很不出色的女子，改变成在舞台上一个神秘诱人的明星，他的办法就是，不断送去温暖。齐格菲尔德很重实际，他会增加歌女们的薪金，从每星期三十元，到一百七十五元。他还看重义气，在福利斯歌舞剧开幕之夜，他发出贺电给剧中的明星，并且赠予每个表演的歌女一朵美丽的玫瑰花。

我曾经有一次迷上了流行的绝食，有六个昼夜没有吃东西。那种情形并不困难，到第六天时，饥饿感似乎还没有第二天明显。我们都知道，如果有人使他的家人或是下属，六天内没有东西吃，那就犯了罪。可是很多人却会六天，六星期，或是六十年不给家里的人或是下属一个衷心的称赞。

当年，爱尔法利特·仑脱在《维也纳的重合》一剧中担任主角的时候，曾经这样说过："我最需要的东西，是尊重。"

我们给了孩子、朋友和员工们体内所需要的营养，**可是我们**

给他们精神上所需要的营养，却又何等稀少。我们给了他们牛排、马铃薯等食物，增强他们的体力，可是忽略了给他们真诚而温暖的赞美。

有些读者看到这几句话时，可能会这样说："这是老一套，恭维、拍马屁，我都已尝试过那些了，一点也没用，还丧失了自己的尊严……这些对受过教育的知识分子是没有用的。"

当然，拍马屁那一套，是骗不了明白人的，那是肤浅、自私、虚伪的，理应失败，不会被明智的人欣赏。而且，经常拍别人马屁的人，由于过度迎合别人，自己的观点会变得十分摇摆，那些不等同于我所说的赞美，相反，大家都渴望能得到别人的认同或出自内心的赞赏。

赞赏和谄媚的区别在于两者很容易识别：赞赏是真诚的，而谄媚是虚伪的；一个是不自私的，一个是自私的；一个是为人们所钦佩的，一个是令人不齿的。

最近我去墨西哥城的查普尔特佩克城堡旅行，看到奥伯利根将军的半身人像。半身像的下面，刻着奥伯利根将军的名言：**"别怕攻击你的敌人，提防谄媚你的朋友。"**

我不是叫人去谄媚、恭维，我是在讲一种生活的方法，一种积极的方法。

英国国王乔治五世将六条格言悬挂在白金汉宫书房的墙上。其中有一条是说："我不接受奉承或卑贱的赞美"。"卑贱的赞美"，可以说是"谄媚"的解释。我曾经看到一句关于谄媚的话，

“谄媚是明白地告诉别人，他为的是他自己”。这就像爱默生说的：“你的话再多，归根结底，还是离不开自己。”

如果我们要学习怎么恭维、谄媚，那么任何人都可以成为“人类关系学”专家了。

当我们习惯用百分之九十五的时间去思考自己，现在，我们试一下不要只想自己，而是想想别人的优点，我们就不会对别人说出卑贱、虚伪的谄媚话了。

爱默生又说：“凡是别人有胜过我的地方，我就向他学习。”

爱默生这样的见解，是非常正确，非常值得我们重视的。让我们去研究别人的优点，把对人的恭维、谄媚忘掉，给予人由衷、诚恳的赞赏。人们将会重视和珍惜你所讲的那些话，即使你已把这件事忘了很久，可是他还会牢牢记着你所说的话，因为只有真实的赞美最暖人肺腑。

献出你真实、诚恳的赞赏吧！真诚的赞赏就像冬日阳光温暖人的心房，而**给别人一缕阳光，自己也会感受到温暖**。

一千个犀利的指责比不上一个温暖的肯定

想批评别人之前，首先要承认，自己也不完美。

几年前，我的侄女约瑟芬，从她的家乡坎萨斯城到纽约来做我的秘书。那年约瑟芬十九岁，三年前中学毕业，只有一点微不足道的办事经验；而现在，她已经是一位很能干的秘书了。

刚开始的时候，我觉得她什么事做得都不好。有一天，我想要批评她时，我先对自己这样说："先等一等，戴尔·卡耐基……你的年纪比约瑟芬大一倍，处事的经验也高过她一万倍。你怎么能希望她具有你的观点，你的判断力，你的见解呢？卡耐基，在你十九岁的时候，你做了些什么？还记得你那些又笨又蠢的错误吗？"

真诚、公平地想过这些后，我发现约瑟芬比我当年要强多了。所以从此以后，当我提醒约瑟芬时，我总是这样说：

"约瑟芬，你是出了点错，可是老天知道，你并不比我所犯的错误更糟。你不是生下来就会判断每件事的，那是需要足够经验的。而且，比起我像你这么大的时候，你要能干乖巧多了。我犯过很多可笑的错误，我决不想批评你……可是，你应该有更聪明的做法。"

批评别人很简单，傻瓜都会做，但肯定别人相对来说却不容易。如果想批评别人，首先要谦虚地承认自己也不完美，然后再指出别人的错误，这样比较公正，也比较容易让人接受。德意志帝国首相比洛伯爵在1909年就已深刻理解到这种方法的重要性。当时，德意志皇帝威廉二世狂妄自大，口无遮拦，还梦想征服全世界。令人吃惊的事情终于发生了，威廉二世不分场合地说了一些荒谬的话，更糟的是，他把这些荒谬可笑的言论，在访问英国的时候公之于众——他允许英国最有影响的报纸《每日电讯》一字不差地发表了他的言论。

这些话包括：德意志皇帝本人是唯一对英国友好的德国人；他正在建造海军以对付日本的威胁；因为有他的援助，英国才能抵御法、俄两国的威胁，他还说，英国将军罗伯特在南非战胜荷兰人，都是出于他的指挥。

一百年以来，欧洲没有一位国王，会说出这样荒唐无知的话。欧洲各国一片哗然，英国也非常愤怒，而德国的政治家们更是震惊。德皇也渐渐觉察到自己胡言乱语的严重后果了。他向担任帝国首相的比洛伯爵暗示，要他代主受过。也就是，德皇要比洛伯爵对外宣称对这一切负责，说是他建议德皇说出那些荒唐话的。

比洛伯爵抗议道："陛下，恐怕德国人或英国人都不会相信我会建议陛下那么说的。"

比洛伯爵这话刚说出口，就意识到自己犯了一个严重错误。果然，德皇愤怒起来。

他咆哮着说："你认为我是一头笨驴？连你都不会犯的错，而我却犯了？"

比洛伯爵知道说话应该先称赞再指责，尤其对威廉二世这样的领导，更应如此。可是现在为时已晚，他只有作第二步的努力：在批评的后面加以赞美。于是，他立刻开始扭转不利的局面。

比洛伯爵恭敬地说："陛下，我绝对不是那个意思，陛下在许多方面都远胜过我，不只是海军知识，尤其在自然科学方面。陛下每次谈到风雨表、无线电报等科学原理时，我总是感到汗颜，觉得自己真是孤陋寡闻！我很惭愧，对于各门自然科学都不懂，对化学、物理更是一窍不通，连极普通的自然现象我也不能解释。但略可抵补的是，我对历史知识稍微知道一点，同时也有一点政治上的才能，比如说外交上的才能，我会努力在外交上弥补陛下的发言。"

德皇脸上显现出笑容来，比洛伯爵抬高了皇帝，贬低了自己，德皇原谅了他，还热忱地说："我不是常和你说你我肝胆相照吗……我们需要亲密的合作，而且我们很高兴这样做。"他频频同比洛握手表达赞赏，最后，他紧紧攥着自己的拳头说："如果以后有人和我说比洛的坏话，我就用拳头狠狠地揍他的鼻子！"

比洛及时救了自己！

几句批评自己，肯定对方的话，可以把盛怒中傲慢的德皇威廉二世变成一个非常热诚的朋友。试想：谦逊和肯定，在我们日常生活中的作用会有多么大！事实上，在人与人之间的关系上，温暖的肯定远比犀利的指责更能产生不可思议的结果。

所以女士们，要改变一个人的看法，而不激起他的反感，在指责对方之前，不妨以心换心，先谈谈你自己的错误，站在对方的立场看问题，才能真正进行沟通，最终解决问题。

改变态度，便能改变一切

心态若改变，态度跟着改变；态度改变，习惯跟着改变；习惯改变，性格跟着改变；性格改变，人生跟着改变。

有一次，我请了一个室内装潢师给我配一套窗帘。但看到账单后，我吓了一跳。

几天后，有位朋友来我家，看到了那套窗帘，问完价钱后，幸灾乐祸地说："什么？太不像话了，你不小心上当了吧！"我上当了吗？也许是的，她说的都是真话，可是人们就是不愿意听到这类实话。所以，我竭力替自己辩护说：一分价钱一分货！

第二天，另外有一个朋友到我家，她对那套窗帘，赞赏有加，她说，她也希望自己有一套那样的窗帘。我听到这话后，跟昨天的反应完全不一样，我说："说实在的，我配的这套窗帘价钱太贵了，我现在有点后悔。"

当我们有错误的时候，或是我们想承认自己错了，如果对方能给我们承认的机会，我们会非常感激，不用对方说，我们就很自然地承认了。如果有人把沮丧的事实，硬往我们喉咙里塞，我们一定无法接受。由此可见，友善是一种无可抵挡的魅力。

众所周知，百元美钞上的头像就是本杰明 · 富兰克林。富兰克林曾在自传中说，他通过改正自己喜欢争辩的坏习惯，让自己成为一个既亲和又能干的外交家。

当年富兰克林还是个愣头青的时候，一位老朋友曾把他结结实实地训了一顿。这位老朋友对富兰克林说："明，你太过分了。你喜欢打击别人，导致现在已经没人会理你。你不在场时，别人都很高兴。你自以为是，即使有事，别人也不会告诉你。其实，你除了要点小聪明，其他什么都不懂。"

在我看来，富兰克林后来的成功，那位老朋友尖锐的教训功不可没。富兰克林那时已不是小孩了，他领悟到，如果不痛改前非，必将一事无成。所以他把自己过去不合实际的人生观，完全改了过来。

富兰克林替自己订了一项规则，不再固执，凡有肯定含意的字句，就像"肯定""绝对"之类的用语，都改用"我觉得""我猜"，或者"我想"来代替。当别人指出他的错误时，他不会立即反驳，而是婉转回答。

不久，富兰克林就感觉到了改变态度所获得的益处，他说："我和别人的谈话更融洽、更愉快了。我谦虚地提出自己的见解，他们很快就会接受。当我检讨自己的错误时，并不觉得恼火。因为在证明我是'对'的时候，劝他们放弃错误，接受我的建议会更容易。这种作法一开始时，'自我'会很激烈地反抗，后来很自然地形成习惯了。我年过半百，之所以没有武断极端的言语，就得益于这种习惯的养成，所以我的意见每次都能得到人们热烈的支持。我不善演讲，口才很差，可大多数情况下，我的建议都能获得赞同。”

富兰克林的方法，用在商业上又如何？我可以举个例子：

纽约自由街一百一十四号的玛霍尼，做的是出售煤油业专用设备的业务。长岛一位老主顾向她订制了一批货。那批货的制造图样已呈请批准，已经开始制造机器零件时，发生了意外。买主听进了朋友的一大堆意见，什么太宽太短啦，这个那个啦……买主顿时不安起来，立即打电话给玛霍尼说，拒绝接受那批正在制造中的机件设备。玛霍尼说：当时我仔细查看，觉得我们没出错………我知道一定是他和他的朋友们不懂装懂。可是我也不合适直接反驳，这样做也许会影响到这项合作的未来。于是我专程去了一趟长岛，我刚进他办公室，还没来得及打招呼，他就马上从座椅上跳了起来，声色俱厉地说：‘哼！你打算怎么办？’

我做了个深呼吸，然后心平气和地告诉他：他有什么打算，我都可以照办不误。我对他这样说：“你是出钱的人，当然要给你所适用的东西。如果你认为你是对的，请你再给我一张图样。虽然工作已经进行，我们已花去两千元，但我情愿牺牲两千元，取消工作，重新开始。

“不过，先生，我必须把话先说清楚，如果我们按你现在给我的图样制造，出了任何错误，那责任在你，我们不负任何责任。可如果按照我们提交的图样制造，出了任何错误，则由我们全部负责。”他听我这样讲，怒火似乎渐渐平息下来，最后他说：好吧，照常进行好了，如果有什么不对的话，只求上帝帮助你了。结果，果然是我们做对了——现在他又向我们订了两批货。

“当那位主顾拿出要打架的架势，指责我不懂业务时，我拿出全部的自制力，尽量不跟对方争辩，我做到了，结果也是值得的。当时如果我说绝对是他错了，我们双方免不了会吵起来，说不定还会向法院提出诉讼。而那样做的结果不只是双方交恶，经济受损，还会失去一个大客户。我深刻体会到，那种情况下，直接指出人家的错，是得不偿失的。”

从这件事来看，任何事要运用好技巧，别直接告诉对方，他错了，这样，双方所留下的余地和好感，就不是能用金钱计算的了。

所以，别跟你的顾客、丈夫或者对手争辩，不要只会一味指责、激怒他，不妨用点灵活的外交手腕。

几千年前的埃及国王教育王子说：要用外交手腕，才能帮助你达到目的。如果你要获得人们的赞同，那就必须：拿出友善的态度，用平等而纯粹的角度来思考问题，如果要发言，尽量避免争辩。尊重别人的意见，永远别一味指责对方的错误，诚恳温和的态度永远是女人动人的一种魅力。

把安全感当做最好的礼物

一个人如果能用诚挚来满足别人的内心饥饿，就可以将人们掌握在手掌之中。

维也纳有位很著名的心理学家弗洛伊德博士，他曾说："所有人所做的事，都起源于两种动机，那就是性的冲动和能成为伟人的欲望。"美国一位著名的哲学家杜威教授，对这话稍有不同的见解，杜威教授说："人类天性中最深切的冲动，是'成为重要人物的欲望'。"女士们，请记住"成为重要人物的欲望"这句话，本书的很多观点都与此有关。任性，可以解释为想做就可以做，之所以想成为重要人物，从某种意义上正是追求这一点。

言归正传，你最需要的是什么？可能你需要的并不多，可是有几种真正需要的东西，你一定不会拒绝，一定坚持着要追求：

健康和生命的保护；食物；睡眠；金钱和金钱所能买到的；生活保障后顾无忧；性生活的满足；子女的健全；安全感。

生而为人，这些欲望差不多都可以满足，可是唯有安全感，同食物、睡眠一样，既深切需要，又难得满足，这是一种迫不及待需要解决的人类"饥饿"，一个人如果能用诚挚来满足别人的这种内心饥饿，就可以将人们"掌握"在她的手掌之中。

寻求安全感的欲望，是人类和动物之间的重要差别。举个例子，小时候我是密苏里河边的一个农家儿童，我父亲喜欢创新，饲养了一种品种优良的猪和一种白脸牛，那时我们家常在牲口展览会上展览我家的肥猪和白脸牛，曾经获得了几十次一等奖。

我父亲把垂着蓝缎带的奖章，用针别在一条白布上。每当有亲友来我家时，父亲就拿出这条白布，我握着这一端，他握着那一端，将垂着蓝缎带的一等奖奖章给亲友们参观。猪、牛并不在乎它们赢得的奖章，可是父亲却十分在乎，因为这些奖品给他带来了一种“安全”的感觉。

假如我们的祖先，没有这种强烈的“安全感”，就不会有文明，人跟其他动物也不会有多大差别。

就是这种安全感的驱使，使一个没有受过良好教育，在一家杂货店工作的贫困店员，翻遍了整个满堆杂货的大木桶，找出他用五美分买的几本法律书籍，痛下决心去钻研。不错，这个小店员，他的名字叫林肯。

这安全感的欲望，激发了狄更斯写出不朽的名著；这安全感的欲望，让华伦完成了他的设计；这安全感的欲望，使洛克菲勒赚了一辈子都花不完的钱；也就是这个欲望，使每个城市的首富，都要建出一座豪宅来展示自己的存在。

这个欲望，能使你穿上最时尚的服饰，驾驶最漂亮的轿车，谈谈自己家聪明伶俐的孩子。

也就是这种欲望，使许多青少年成为盗匪。前任警察总监玛罗尼曾说：

“今天年轻的罪犯，满脑子都是对虚荣的盲目追求，被捕后他们的第一个要求，就是要阅读把他们写成英雄的那种花边小报。他只想看到自己的相片，是不是像爱因斯坦或罗斯福等名人那样在报纸上放得大大的，他根本没有想到，进受刑室坐电椅是怎么回事！”

如果你告诉我，你是如何得到了安全感，我就可以知道你是怎样的人，不同性格的人获得安全感的方式也不相同。有现成的例子，洛克菲勒捐钱在中国的一个古老城市建造了最新式的医院，照顾了许多他不认识，也永远不会认识的贫民，用这个方法得到了他的安全感。

反过来说，大盗狄林克做土匪、抢银行、杀人，也是在满足自己的安全感。当警方人员搜捕他时，狄林克跑进农舍，他以自己是头号通缉犯为荣，所以大声喊：“我是狄林克！我不会杀害你，但我是狄林克！”

大盗狄林克和大富翁洛克菲勒最大的差别，仅仅在于他们如何获得属于自己的安全感。

历史上有很多名人也为了安全感挣扎过。甚至高尚的华盛顿都乐于听到人家称他是：至高无上的美国总统；哥伦布向女王请求过“海军大将”和“印度总督”的头衔；女沙皇叶卡捷琳娜一世，会拒绝看没有称呼她“女皇陛下”的信；林肯夫人在白宫时，像头母老虎似的向格兰特夫人吼叫：“我没有请你来，你怎么敢坐在我面前！”

资助伯德少将进行南极探险的百万富翁们，会附带个条件是，许多冰山都要用他们的名字取名。而有人甚至希望出钱把巴黎改称成他自己的名字。

人们会为了取得同情、关注和“安全感”而故意装病。例如麦金莱夫人，会让她担任美国总统的丈夫放下国家事务，在床边哄她睡觉，每次都需要几个小时的时间，麦金莱夫人藉这件事得到她的安全感。

莱因哈特夫人有一次告诉我，有个年轻能干的女士，为了要得到安全感装病。莱因哈特夫人说，这位女士想到自己老大不小了，还没嫁出去，想到可能会很孤独的晚年，越发觉得日子没什么指望。

她就这样在床上躺了十年。她的老母亲，每天到三楼爬上爬下去侍候她。有一天，老母亲疲惫过度，倒地去世了。床上的这位“病人”，难过了几个星期后，穿衣起床，身上的病竟然消失得无影无踪。

一位学识渊博的精神病权威专家对我说，许多精神错乱的人，在自己的疯癫中，找到了真实世界中所无法获得的安全感。这位医师讲了一个真实的故事。

有个女士婚姻悲剧了，她需要爱情、孩子和社会名誉。可是现实却没有赋予她梦幻中的希望。她丈夫不爱她，甚至拒绝跟她一起用餐。她没有孩子，没有社会地位，这一切终于造成了她的精神错乱，而现在，在她的疯癫幻想中，已经跟她丈夫离了婚，恢复了她少女时的姓名，她现在相信自己已嫁给英国王室，并且坚持让别人称呼她史密斯夫人。

至于她所希望的孩子，在幻想中也已经有了。每次我去看她时，她会说“医生，我昨晚生了一个孩子。”悲惨吗？我不知道。我甚至不愿意治愈她了，她现在似乎获得了她真正所期盼的快乐。

既然许多人觉得疯癫很快乐，那他们为什么不疯呢？他们没什么烦恼了；他们可以轻松地签出一张百万元的支票给你，或者给你一封见名人的推荐信；在他们所创造的梦境中，他们能找到安全感。如果有人这样迫切饥渴地需要安全感，甚至为获得它精神失常，试想，如果在人们没疯癫之前，就给他真诚的赞扬，把这当做安全感的礼物送出去，那我们的成就，岂不是更大？

女神箴言

DALE CARNEGIE

用称赞和真诚的欣赏作为谈话的开始。

*

对别人的意见要表示尊重，千万别说：“你错了。”

*

在人生的道路上能谦让三分，即能天宽地阔，消除一切困难，解除一切纠葛。

*

如果你希望别人对你微笑，你首先要对别人微笑。

*

如果我们想交朋友，就要先为别人做些事——那些需要花时间体力体贴奉献才能做到的事。

DALE CARNEGIE

Lovely Rita

第7章

向前一步：人生永远没有太晚的开始

人生永远没有太晚的开始，
如果你有梦想，
那就从现在开始做吧！
成功不是等来的，
你的路上，
永远需要继续向前再迈一步。

成功的人找方法，失败的人找借口

你的梦有多大，你的格局就有多大，世界会向那些有目标和远见的人让路。

世界只会向那些有目标和远见的人让路，前途崎岖，以准备失败的心情去迎接胜利，是一个人面临得失时必须有的一种态度。假如只准备成功而不准备失败，当失败来临时就会来不及了。人们常觉得多做准备只是在浪费时间，而当真正的机会来临，反而没有能力把握的时候，才能觉悟到自己平时没有做好准备，才真正是浪费了时间。

纳撒尼尔·霍桑出生在马萨诸塞州的塞勒姆镇，虽然在萨勒姆海关任职，但是他更喜欢写作，经常在报纸上发表一些短篇故事。当时的美国党派斗争很激烈，有一天，霍桑成了政治牺牲品，被海关免职，他忧心忡忡回到家中。美丽的妻子索菲亚·霍桑得知这个糟糕的消息后，却对愤懑的霍桑说："亲爱的，我一直相信你写作的才华，离职也挺好，这样你就可以专心写作了。""是啊，"霍桑担忧地说，"可我们失去了生活来源，孩子都还很小。"

索菲亚打开抽屉，拿出一沓钞票说："别担心，我早准备好了，之前的每个星期我都会从生活费用中抽出一些以防万一，这些钱足够我们撑一段日子了，并且我相信这这段日子对你一定很重要！”

霍桑的不朽作品《红字》就是在这段日子里写出来的，这部作品和《七个尖角顶的房子》一起，使霍桑成为当时美国最伟大的作家。

索菲亚未雨绸缪，居然让一部名著顺利诞生，她和丈夫霍桑都很幸运。谁也不知道真正的机会究竟什么时候会到来，但是，有成功潜质的人总在使用各种方法来迎接走在路上的成功。著名乡村音乐歌手吉恩·奥特里认为，人们绝大部分忧虑都和家庭事务及金钱有关，他尽量避免让自己为金钱发愁。在成名之前的无名时光中，他妻子相约遵守这条金科玉律，不为金钱发愁，将家庭烦恼降低到最低点。此外，他们还使用另外两种方法来减少金钱的烦恼。

首先，**坚持一个基本的做人原则：任何事情都保证百分之百诚信**。例如借人钱财必须如数归还，诚实可使人免去许多烦恼。

其次，**每当开创一番新的事业时，总是给自己预留后路**。军事专家说，作战的第一要则是保持补给的畅通，退路永远要留好。吉恩·奥特里认为这条原则同样可以适用于人生的“战斗”。

小时候，吉恩的日子过得十分贫寒，深深体会到了贫穷的滋味。那里的人们工作再辛勤，也只能维持基本的生活水平。吉恩家徒四壁，小小年纪的他必须驾着篷车，到处奔波求生。他渴望能找一份稳定可靠的工作，能够赚钱补贴家用，通过不懈的努力，他终于在一家火车站谋到一份差事，并且充分利用空闲时间学习发电报。

后来，吉恩又得到了另一份工作——在佛里斯科铁路公司当一名轮班员——给那些生病或休假的火车站站员替班，或者在他们忙不过来时来帮忙。这份工作的月薪为150美元，对于他这样一个穷孩子来说，经济上总算有了一定的保障。因此，他每当想独立开创一番新的事业时，他总是保留这份工作，将它看成是自己的补给线，避免因失败带来的损失。

有一年，吉恩·奥特里被佛里斯科铁路公司派往俄克拉荷马州的齐尔市工作。一天晚上，一位陌生人信步走进车站办公室，要求发一封电报，当时吉恩·奥特里正在抱着吉他自弹自唱乡村歌曲，陌生人对吉恩说："小伙子，你弹得很好，唱得也不错，应该到纽约去，在电台或戏院里找份工作。"最初吉恩觉得他不过是在随口奉承，但是当吉恩看到他签在电报上的名字时，立刻惊讶得喘不过气来。威尔·罗杰斯，他是威尔·罗杰斯，著名的演艺明星，幽默作家、电台评论员和报纸专栏作家！

但是吉恩并没有立刻去纽约，而是将这件事仔细掂量了一番。在思考了9个月以后，他终于决定去纽约，他相信自己一定没问题——他有铁路通行证，可以免费乘车；困了，可以坐在火车上睡觉；饿了，可以吃些简单的三明治和水果。

到达纽约之后，吉恩找了一间每周5美元的带家具的房间住下来。但是，他流浪了10个星期，却一无所获，如果没有工作提供经济保障，吉恩·奥特里一定会急出病来。他已经在铁路公司服务了5年，取得了就职的优先权，但是要想保留这项优先权，离职期不能超过90天，吉恩在纽约已经待了70天。于是，他赶紧用铁路通行证赶回俄克拉荷马州，继续从事原来的工作——他必须保证自己的退路不断。

几个月后，吉恩存了一些钱，于是又一次来到了纽约。这一次，他取得了很大的进展。有一天，他一边在一间录音棚等待面试，一边对着女接待员弹唱《珍妮，我梦到紫丁香》这首歌，恰巧歌曲的作者纳特·斯切克劳特走了进来。他很高兴听到有人演唱自己的歌曲，于是写了一封介绍信，推荐吉恩到维多唱片公司去试试。在维多唱片公司，吉恩录了一首歌，但声音太生硬，很不自然，他接受了录音师的劝告，回到了杜沙。那段日子里，他白天在铁路公司上班，晚上在当地电台演唱牛仔歌曲。吉恩十分喜欢这种安排，他在努力接近梦想，却不会因此生计艰难。

吉恩在杜沙电台演唱了9个月，这段日子里，他和吉米·朗合作创作了一首《我的白发老爹》的歌，受到大家的热烈欢迎。美国唱片公司老板亚瑟·沙得利因此和他签约，并为他灌制了一张唱片——这张唱片后来成为销量过百万的黄金唱片。

后来吉恩陆续灌了许多张唱片，并且在芝加哥电台找到一份演唱牛仔歌曲的工作，薪水是每周40元。4年后，吉恩的薪水提高到每周90元，与此同时，在戏院登台表演，给他带来了300元的额外收入。

1934年，机会降临了。当时好莱坞的制片商决定拍摄西部歌舞片，他们需要一位会唱歌的新型的牛仔做演员。美国唱片公司的老板是共和影片公司的股东之一，他对其他合伙人说："嘿，想找一个会唱歌的牛仔？我那里正好有一个。"

从此吉恩进入了电影圈，在刚开始拍摄时，吉恩只是跑跑龙套，他不确定自己拍的影片能不能成功，但他并不忧愁，因为他把心态放得很低，心想，大不了做回原来的那份工作。吉恩在电影上的成就却远远超出了他自己的意料，后来他的年薪高达10000美元，而且不包括影片卖座后的红利，他成为当时最有名的歌舞片明星。

吉恩对我说："我知道，没有一种状态能保持永远（值得一提的是，二战爆发后，吉恩参加了飞虎队，曾和他的机组一起翻越喜马拉雅山，为中国输送战略物资），但我不担心，因为我知道无论发生什么意外——哪怕是失去了所有的一切——我都可以找到解决的办法，哪怕随时回到俄克拉荷马州，在佛里斯科铁路公司找到一份工作——我永远有办法解决问题。"

那些不幸带来的幸运的事

从这些不幸中，我能够学会些什么？如何改善自己目前的处境？怎样把这个柠檬做成一杯柠檬水？

人生是一种经历，或者说是一种体验。成功就在于你克服了多少，经历了多少灾难，怎样快乐地度过你的人生，而不是取得了什么了不得的结果。

写这本书期间，我曾前往芝加哥大学向罗伯·罗杰斯校长请教如何获得快乐，他回答说："我一直遵照一个小小的建议，这是已故的西尔斯公司董事长罗森告诉我的。他说：如果有个苦涩的柠檬，就把它做成爽口的柠檬水。"

傻瓜的做法恰恰相反，如果他发现命运只给他一个柠檬，他就会悲观丧气地说："命运对我如此不公，我已经毫无机会了。"然后就开始拼命地诅咒这个世界，让自己沉溺于自怨自艾中。而聪明人拿到一个柠檬时，他会想："从这不幸中，我能够学会些什么？如何改善自己目前的处境？怎样把这个柠檬做成一杯柠檬水？"

爱默生对这句话进行了阐释：**"得到快乐不在于享受，而在于胜利。"**的确如此，这种胜利来自于一种成就感，一种自豪，也来自于我们能把柠檬做成柠檬水的能力。

佛罗里达州一位快乐的农夫甚至将一个“毒柠檬”做成了柠檬水。当时他买下一片农场以后，觉得非常后悔——那块地条件很差，既不能种水果，也不能养猪，到处都是白杨树和响尾蛇。但是，他想到了一个绝妙的主意，将自己所拥有的变成一种资产——他想把那些响尾蛇做成罐头，这种做法令许多人大吃一惊。但几年前，我去拜访他时发现，每年前来参观响尾蛇农场的游客差不多有两万人。他的生意很成功，养殖场的响尾蛇的蛇毒被运送到各大药厂去制作成治疗蛇毒的血清；蛇皮以高价卖给皮革商，做成女人的鞋子和皮包；蛇肉罐头远销世界各地……临走前，我买了一张有当地风光的明信片，通过当地邮局寄了出去，这时发现这个村子已改名为“佛罗里达州响尾蛇村”——正是为了纪念这位将“有毒的柠檬”做成了甜美柠檬水的农夫。

我曾来来往往于全国各地，因而有幸能见到许多男人和女人都有一种**“把负能量变成正能量的能力”**。

《十二个人力胜天的人》一书的作者威廉·波里索曾经说过：“生命中最重要的不是要将自己的收入算做资本，任何傻瓜都做得到。真正重要的是要从你的损失里去获利，这需要有智慧才能做到，而这也正是智者和蠢材之间的区别。”波里索说这段话的时候，刚在一次火车事故中失去了一条腿。

我还知道一个断掉两条腿的人，也能变负为正，他的名字叫本·福特森。一次，我走进佐治亚州大西洋城一家旅馆，看到一个两条腿都断了的残疾人坐在电梯一角的一张轮椅上。电梯停了下来，到了他要去的那一层楼，他问我是否可以让一让，以便他转动轮椅。他说，“十分抱歉，这样麻烦您。”他说话时脸上露出一种非常温暖的微笑。

我离开电梯回到房间后，怎么也忘不了这个开心的残疾人，于是我去找他，请他把自己的故事告诉我。

他说：“那一天，我砍了一大堆胡桃木，准备用来做菜园里的豆子支架。我将树枝装在福特车上往回走。突然，一根树枝滑到车下，卡在引擎里，正好车子急转弯，一下子冲出公路，把我甩到一棵树上。我的脊椎受了伤，两条腿也全都失去知觉了。事故发生时我刚刚24岁，从此以后就再也没有站起来。”

仅仅只有24岁，却被命运判决要终身坐在轮椅上。他是如何勇敢地接受这个事实的呢？他说，一开始时他也是充满了愤懑，内心痛苦不堪，整天抱怨老天不长眼。随着时间一年一年地过去，他发现，愤怒除了使他变得很凶恶之外什么用也没有。他说，“我终于意识到，周围的人一直对我很友好，很关心，而我应该有所回报。”

我又问他，经历了多年的磨难之后，他是否还觉得自己当年所遭遇的意外十分可怕和不幸？

他很快回答说：“不，有时候我甚至庆幸自己有过那一次经历。”

当他克服了最初的震惊和悔恨之后，开始了一种全新的生活。他拼命地阅读，对文学产生了浓厚的兴趣。在14年里，他至少读完了一千四百多本书，这些书将他带进了新的思想境界，使他的生活变得更丰富。他开始聆听优美的音乐，以前让他觉得烦闷的交响曲，现在使他非常感动。还有一个最大的改变，那就是他现在有足够的时间去思考了。

“有生以来第一次，我能让自己仔细地打量这个世界，有了真正的价值观。我开始懂得，以往所追求的许多事情，大部分都毫无价值。”

阅读使他对政治产生了浓厚的兴趣。他开始研究大家都关心的政治问题，并坐在轮椅上到处发表演讲，结交了很多人，人们也对他渐渐熟悉起来。如今的本·福特森已经是佐治亚州州政府的秘书长了。

对成功者的研究越深，我就越深刻地感觉到，他们之所以能取得成功，是因为一开始总有一些障碍阻碍他们，而这又促使他们加倍地努力，于是就获得了巨大的成就，正如威廉·詹姆斯所说的：**“缺陷往往对我们的人生有意外的帮助。”**

不错，也许密尔顿就是因为双目失明，才写出了更好的诗篇；而贝多芬因为两耳失聪，才谱出了更好的曲子；海伦·凯勒之所以取得如此辉煌的成就，也许就是因为她听不见也看不见，只能专心学习。如果柴可夫斯基没有沉浸在婚姻的痛苦中，他也许永远也写不出那首不朽的《悲怆交响曲》。如果陀思妥耶夫斯基和托尔斯泰没有经历充满波折的生活，也许永远无法写出不朽的作品。

哈瑞·爱默生·福斯狄克在《洞察一切》一书中曾说过：

“斯堪的那维亚半岛有一句名言可以用来鼓励自己：北风造就了维尔京人。无须面对任何困难，过着舒适和清闲的日子，就能够使人变得快乐吗？我的看法正好相反，顾影自怜的人永远是可怜的，即使舒舒服服躺在床上也不例外。一个人的性格和幸福往往受各种不同环境的影响，所以我再强调一遍：北风造就了维尔京人。”

虽然我在本文中一直讲男士的例子，然而，人生就是不同的情节，相同的道理，却一直在重复。女士们，人生不同，道理相同，如果我们无比消沉，觉得自己根本无法将柠檬做成柠檬水，那么请读一下这两句话：它将告诉我们，为什么想方设法努力的人会只赚不赔。

第一句话：我们可以获得成功；第二句话：即使没有获得成功，只要抱着化负为正的愿望，也会使我们向前看而不是向后看。用积极的心态来代替消极的心态，可以让我们没时间也没有兴趣去忧虑已经过去的事情，从而走出人生的低谷，看到前方美好的风景。

办法总会有的，你要做的就是找到它

随机应变的智能，是解决生活上困难的武器，要比书本上的知识有价值得多。

从来不要觉得自己过于渺小，所以不配拥有自己的梦想。数不清的成功人士的第一步，也是同你一样，从自己的脚下开始。不要任何想法成为你停滞不前的借口。办法总会有的，你要做的就是找到它。如果你放弃了，你就彻底失败了；如果你有梦想，那么请你不要放弃，你将永远有希望和机会。生活很美好，不断地努力，不放弃，我们才有机会。

约瑟夫·艾森鲍尔突然被洗衣店解雇了，他在这里当了二十五年的送货员。对于一个中年人来说，想重新找份工作非常难，更何况他又没有受过任何专业训练。艾森鲍尔夫妇正为找不到工作而发愁，这时正好有一家面包店要转让，价钱不贵，但将它买下，仍然投入了他们所有的积蓄。

艾森鲍尔的太太珍妮很明智，她知道，在生意没有稳定以前，他们根本没有雇人的能力，一切都才刚刚开始。因此，每天做完打扫、洗衣服、做饭这些家务事，她便待在面包店里招呼客人，积极地提供服务，经常一站就是十几个小时。如此繁重的劳动足以让任何一个人吃不消。但是珍妮挺过来了，她说，“我知道这是约瑟夫重新闯天下的一个机会，因此我觉得辛苦一点也很值得。现在，我们的面包店已经开了五年，经营得很成功，生意非常好。能够凭借自己的努力建立事业，我们觉得很自豪。”

但有很多女人碰到难题时，不愿意挺身而出挽救残局，她们认为，不论什么时候，家庭责任都应由男人承担，于是袖手旁观或只是埋怨个不停。这些女人忘记了，**如果要将陷入泥沼的车子拉出来，自己就要付出必要的努力。**

做护士的威廉 · R．克门太太也是一位有本事的能干妻子，那时，比尔 · 克门先生为了拿到毕业证书，白天工作，晚上去夜校上课。他们结婚以后，为了不让克门耽误夜校的学业，克门太太继续工作（那时的女士结婚后大多回归家庭），她希望丈夫能够保持不缺课的纪录。因此，即便是在她生下小女儿的那个晚上，她仍然坚持让丈夫送她到医院以后赶回学校。六年中，比尔保持了没错过一堂课的记录，最后，比尔在母亲、妻子和女儿自豪的注视下拿到了毕业证书。接着，比尔找到了推销不锈钢厨具的工作，他的助手就是自己的妻子，当他们举办示范餐会时，克门太太就负责做菜，比尔负责销售。

当比尔的父亲不幸身亡以后，比尔和兄弟继承了他的印刷厂。比尔的兄弟想将这家印刷厂全部转卖给他们夫妻俩，但是夫妻俩的钱不够，必须向银行贷款。克门太太为了早日偿还这笔贷款，于是又重新出去做护士，但每晚和周末，她还要待在自家的印刷厂给克门当助手。她说：“我工作得很高兴，如果我们总这样积极地工作，就能在五年之内付清房款和生意上的欠款。”

克门太太在必要的时候付出了自己所有的努力，她不仅做好了自己的本职工作，还协助丈夫拓展生意，使他们的家庭拥有了良好的经济基础。欠债、亲人生病、丈夫失业等都是家庭生活中常见的危机，在这种情况下女人的付出都是为了家庭的幸福，很多人并不想拥有自己的事业来自我满足，所以这种行为可以称之为“夫妇搭档”。

玛格丽特 · 施坦女士也非常有本事，甚至改变了整个家庭的生活方式。施坦太太和她的丈夫乔纳森 · 威特 · 施坦和五个孩子住在新泽西州。几年前，施坦太太遇上了一个大难题，她的先生突然得了一场重病无法工作，该如何养活这个大家庭——五个小孩和两个大人？

身为家庭主妇的施坦太太仔细考虑了一下她会做的事情：办公室的工作她做不来，也没经验。她最拿手的事情就是制作餐点，她非常喜欢做点心，以前就常常帮朋友们做一些很棒的餐点，而且餐点的需求量有保证：孩子过生日和结婚都需要蛋糕，还有，宴会上总缺不了甜点。

玛格丽特 · 施坦对朋友们说，当她们需要宴会的餐点时可以请她去做。施坦太太的点心做得实在太好，很快就名声在外，接连不断的订单使她不得不雇佣助手来帮忙。由于所有的餐点都是在家里做，所以丈夫和孩子们也可以来帮忙，全家一起上阵的感觉真的很不一样。

生意红火得出乎意料，不得不雇请一位长期帮手才能应付得过来。于是，玛格丽特成了专门承办酒席上餐点的烘焙师，为整个小城的宴会制作餐点，同时，她还将自己最拿手的开胃菜包装起来，拿到冷冻食品市场去卖。最后，她还当上了宴席顾问！

玛格丽特·施坦太太做得实在是太成功了！施坦先生现在已经病愈，而且做了营业经理，他们夫妻俩的合作可以说相当完美——相濡以沫，共度时艰。

施坦太太说："我喜欢创造新餐点花样，不喜欢计算价钱和成本，这些成本核算上的事情就让我的丈夫来处理，我们的分工很合理。"

谁能提前预料生活中会发生什么意外呢？当它来临时，家庭的经济就会紧张，家中的女主人不可能不想方设法去赚钱。所以，我们应该马上寻找出自己可以应用的才能，来应付突然发生的意外。居安思危，面对这种紧急情况，你是否做好了充分的准备？办法总是有的，有本事的女人可以让自己在任何情况下都能把它找出来！

舍弃，是为了更好的拥有

舍得，是一种人生智慧，因为只有舍才会有另一种获得。

女沙皇叶卡捷琳娜二世听说一个消息，法国哲学家狄德罗生活遇到困难，不得不卖掉自己的藏书。她派大臣去向狄德罗宣布，愿用1000磅巨款买下这批书，唯一条件就是狄德罗必须继续使用这些藏书。另外，女沙皇聘请狄德罗担任这批特殊藏书的图书馆馆长，甚至一次付清了此后50年的薪水。女沙皇的举动震惊了整个欧洲，狄德罗的家顿时高朋满座，差点变成俄国人才介绍所，女沙皇用慷慨换来欧洲大批学者、医生、教师和工匠来到遥远的俄国。

舍得，是一种人生智慧，因为只有舍才会有另一种获得。约翰·洛克菲勒在33岁时赚到了第一个100万美元，43岁时建立了世界上最大的石油公司——标准石油公司，那么，53岁时他又取得了什么样的成就呢？其事业蒸蒸日上，然而高度紧张的生活也带来了无限的烦恼，对他的健康产生了损伤，53岁的他看起来像个木乃伊。为什么会这样？都是因为烦恼、高度紧张的生活，将他“推”到了死亡的边缘。

早在23岁时，洛克菲勒就开始全心全意追求自己的目标了。

他的朋友说："除了生意上的好消息以外，没有任何事情能令他展颜欢笑。每当做成一笔生意，赚到一大笔钱时，他都会兴奋地将帽子抛到地上，痛痛快快地跳起舞来。可一旦失败了，他也会随之病倒的。"

有一次，他经由五大湖运输价值4万美元的谷物，为了节省保险费而没有投保水险。当天晚上，狂风暴雨袭击了伊利湖，洛克菲勒十分担心，生怕自己的货物遭遇不测。第二天一早，当合伙人乔治·加勒来到办公室时，发现他早就在那里，正绕着房间焦急地徘徊。一见到加勒，他用颤抖的声音说："快看现在是否还来得及投保！"

加勒赶紧冲进城里去，买了150元的保险。但当加勒回到办公室时，发现洛克情绪变得更加沮丧。原来船主发来一封电报：**货物已卸，未受暴风雨袭击。**"浪费"了150美元的保费使洛克非常伤心，以至于差点病了。一个每年经营50万美元生意的老板，却为150美元如此失魂落魄，这是多么不可理喻的事啊！

为了生意，他几乎放弃了所有的游玩和休息时间，除了赚钱以外他几乎没有其他的爱好。当他的合伙人加勒和其他三位朋友以2000美元的价格买下一艘二手游艇时，洛克菲勒简直吓坏了，他以可笑的严肃态度警告说："加勒，你是世界上最浪费时间的人，你会将我们的生意毁掉的。我绝不乘坐你的游艇，我永远也不愿见到它。"

就在他的事业达到巅峰之时，财富如同威苏维火山的金黄岩浆一样，源源不绝地流入他的保险库中，他的个人世界却开始分崩离析了，许多书籍和文章公开谴责标准石油公司的垄断行为。

在宾夕法尼亚州，人们最痛恨的人就是洛克菲勒。那些被他打败的竞争对手，将他的头像吊在树上来泄恨，许多人都渴望亲手将绳子套在他那萎缩的脖子上。充满火药味的信件如雪片般涌进他的办公室，威胁要取他的性命，以至于他不得不雇用许多保镖，防止暗算。他试图忽视这些敌视的情绪，并且以一种讽刺的口吻说道："尽管踢我、骂我吧，但我还是会按照自己的方式行事。"

但是，最后他还是发现自己毕竟是一个凡人，无法忍受人们对他的仇视以及忧虑的侵蚀。他的身体越来越虚弱了。疾病这位新的敌人，正从内部向他发起攻击，令他措手不及。

医生将实情坦白地告诉他，摆在他面前的选择只有两种：死亡和休息。无奈之下，他选择了休息，然而这时候，烦恼、贪婪、恐惧已彻底破坏了他的健康。美国著名传记作家伊达·塔贝第一次见到他时十分震惊，她在书中写道："他的脸上显示着可怕的衰老，我从未见过如此苍老的人。"

医生努力地挽救洛克菲勒的生命，他们为他订立了三条规则，也成为他奉行不渝的三条规则：

一、**避免烦恼。在任何情况下，绝不为任何事烦恼。**

二、**放松心情，多做户外活动。**

三、**注意节食。随时保持半饥饿状态。**

洛克菲勒遵守了这三条规则，他从显赫的位置上退居二线，学会了打高尔夫球、收拾院子、打牌、唱歌，还经常和邻居聊天。除此之外，他开始自我反思自己的过错，开始为他人着想，不再想自己能赚多少钱，而且开始思考那些钱能换取多少人间幸福，开始考虑把数百万的金钱捐出去。像他这样声名狼藉的人，送钱也并不是一件容易的事，当他向一座教堂捐款时，全国各地的传教士齐声发出反对的吼声："不要腐败的金钱！"

但他没有为之所阻，而是继续开展自己的慈善事业。当他得知密歇根湖畔一所大学因抵押权而被迫关闭时，他立刻捐出数百万美元加以援助，这所大学就是今天举世闻名的芝加哥大学。

他竭尽全力地帮助黑人，毫不犹豫地捐献巨款给塔斯基吉黑人大学，帮助他们完成黑人教育家华盛顿·卡文的愿望。当著名的十二指肠虫专家史泰尔博士说："只要价值5毛钱的药品就可以为一个人治愈这种病"时，洛克菲勒捐了出来，他捐了数百万美元以消除十二指肠虫，解除了这个曾使美国南方一度陷于困境的疾病。此后，他又实施了一个更伟大的行动，组建了一个庞大的国际基金会——洛克菲勒基金会，致力于在全世界范围内消除各种疾病、贫穷和文盲。今天，你我都应该对洛克菲勒表示感谢，因为在他的资助下，科学家有了许多重大的发现，这些发现使你和你的孩子不再因感染脊骨脑膜炎而死亡，也不再受疟疾、肺结核、流行性感冒、白喉和其他危害人类的各种疾病的困扰。

洛克菲勒自己呢？他把钱捐了出去是否获得了心灵的平安？是的，他终于感觉到满足了。洛克菲勒完全变了，他已不再烦恼，当他被迫接受生命中最大一次失败时，他甚至不愿因此而失去一个晚上的睡眠。

事情是这样的，根据美国政府的意见，标准石油公司是一家垄断性公司，违反了《反托拉斯法案》，被政府判罚“历史上最重的罚款”。这场官司打了5年，几乎全美国最优秀的律师都投入到这场官司中，最后标准石油公司败诉了。当法官宣布他的判决之时，辩方律师担心洛克菲勒心理无法承受。当天晚上，一位律师打电话给洛克菲勒，尽量委婉地将判决结果告诉他，并且宽慰他：“洛克菲勒先生，希望这项判决不会令你烦恼，希望你还能睡个好觉。”

你猜老洛克菲勒是怎么回答的？他心情轻松地回答道：“不要担心，强森先生，我本来就打算好好睡它一觉的，希望你也不要因这件事而心烦，晚安。”这番话竟出自一个曾因损失150美元而伤心透顶的人口中？是的。约翰·洛克菲勒“死于”53岁，却活到了98岁。

成功就是不断完成所有的事

我愿意不断地前进，是因为目标永远在前方，而不是身后。

国家搪瓷与打印机公司南加州代表泰德·艾利克森说：我很高兴自己曾经做过世界上最辛苦的工作，这使得我所遭遇的日常问题都变得微不足道了。

泰德一直渴望能在阿拉斯加的渔船上工作。后来，他如愿受雇于阿拉斯加科地亚克的一艘32尺长的鲤鱼拖网渔船。这艘船上只有三名船员，船长全面负责航行和捕捞，大副协助船长做一些具体工作，另外一个则是日常打杂的水手。

鲤鱼拖网必须配合潮汐进行，因此他们常常要连续工作24小时，泰德曾经像这样夜以继日工作了整整一个星期。在船上，他做的是其他人不愿意做的工作——洗甲板，保养机器；将鱼从这条船扔到另一艘小船上，送去制罐头；在狭小的船舱里用一个烧木材的小火炉煮饭……船舱里马达的热气和恶臭令人作呕；泰德穿着长筒胶鞋，鞋筒里常常灌进水，他甚至没有时间将水倒出来，因此双脚总是浸泡在水中。

但是，上面的杂活与泰德的主要任务比起来，就像是游戏。他的主要工作是拉网，它看起来十分简单，只要站在船尾，将渔网的浮标和边线拉上来就可以。但实际上，渔网太沉了，当泰德竭尽全力试图将它拉上来时，它却纹丝不动，反倒把船身拉得倾斜了，他不得不使出吃奶的劲沿途拉着不放。一连几个星期都是如此，泰德几乎快要累死了，浑身酸痛。

当好不容易休息下来时，他靠着一个破柜子倒头就睡，尽管浑身上下无处不疼，但却熟睡得像昏死一样。

泰德十分高兴自己曾经吃过这些苦，后来，每当他遭遇了困难，都不再忧虑，而是反问自己："艾利克森，这会比拖网更辛苦吗？""不，没有什么事情比它更苦了，但我还不是一件件都完成了？"于是他重新振作起来，勇敢地接受挑战。

偶尔尝试一下痛苦的经历是件好事。泰德很高兴自己曾经做过世界上最辛苦的工作，这使得他后来遭遇的问题都变得微不足道了。有没有比能吃苦更重要的事？下面这个例子或许是一种答案。

尼科·亚历山大在一所老式的孤儿院长大，那里的孤儿们从早上五点就开始工作，直到太阳落山才停止，吃的食物非常糟糕，还常常吃不饱。他从小的愿望就是上大学，找个好工作能吃饱饭。

尼科十分聪明，他十四岁时中学就毕业了，然后便进入社会找工作，开始自食其力。

他在一家裁缝店找了一份操作缝纫机的工作，在这里，他一直工作了十四年。后来，裁缝店加入了工会，工作时间缩短了，但薪水反而提高了。

这期间，尼科·亚历山大结婚了，他很幸运，娶了一个乐意帮他实现梦想的女孩特莉莎。可是生活并不容易，他们结婚没多久，裁缝店开始裁员，于是这对年轻的小夫妻决定自己创业。他们拿出所有的存款，特莉莎甚至卖掉了订婚戒指，然后用这些钱开了一家亚历山大房地产公司。

公司的业务蒸蒸日上，两年之后在特莉莎的支持下，尼科去上大学了。在他三十六岁的时候拿到了学位，实现了人生的第一个愿望。

接着尼科回到妻子身边，协助她打理房地产事业，两人又制订了一个新目标——买一栋海滨别墅——这个梦想他们也实现了。

现在，这对夫妻是否可以不用工作，停下来慢慢享受了？不，他们还有一个上学的女儿。如果他们能够分期付款，买下商业大楼，然后将大楼变成公寓出租，那么收到的租金就足以支付孩子上大学的费用了。经过长时间的努力，他们做到了。

特莉莎跟我说，他们现在的目标是自己的退休保险金，两人为此继续努力着。

可以看出，亚历山大夫妇的生活过得十分忙碌，同时也非常幸福。他们能做到这些就是因为前面始终有一个目标，所有的努力都指向一个明确的方向。他们信奉的是萧伯纳的名言“我不愿成功”，成功是不断完成所有的事，不像雄蜘蛛一旦完成受精，雌蜘蛛立刻将其刺死那样短视。我愿意不断地前进，不愿感觉到自己已经成功，是因为目标永远在前方，而不是身后。

很多人没有生活目标，不知道自己要什么，稀里糊涂地过了一辈子，就如同和尚撞钟，过一天算一天。而那些能够从生活中获益良多的人，都有一个清楚坚定的目标，并且不怕付出辛苦，把每一件事情都做好，便是离成功的目标又近了一步。

俗话说："不管你现在的状况如何，别忘记最终想要的结果，那样你就不会感到失落。"这是一条颠扑不破的真理。因此，女士们，不要满足于已有的成就，我们必须不断追求新的目标，一旦实现一个愿望，立即树立另一个新的目标，永不停息，这才是真正的成功生活。

没空休息的时候，就该休息了

休息并不是浪费生命，它能让你在清醒的时候，做更多有效率的事。

任何一位还在学校念书的医科学生都会告诉你：疲劳会降低身体对一般疾病和感冒的抵抗力；而任何一位心理治疗家，也会告诉你，疲劳同样会降低你对忧虑和恐惧感觉的抵抗力。所以，防止疲劳就可以防止忧虑。

芝加哥大学实验心理学实验室主任杰可布森医生写过两本关于如何放松紧张情绪的书：《消除紧张》和《你必须放松紧张情绪》，他还主持研究了放松紧张情绪在医学上的用途。他认为，任何一种精神和情绪上的紧张状态，在完全放松之后就不可能再存在了。这就是说，如果你能放松紧张情绪，整个人都会轻松起来。

所以，要防止疲劳和忧虑，首当其冲就是要经常休息，而且在你感到疲倦以前就休息。

这一点之所以重要，是因为疲劳的速度快得出奇。美国陆军的多次实验证明，即使是经过多年军事训练又很坚强的年轻人，如果不带背包，每小时休息十分钟，那么行军速度明显加快，而且能坚持走很久。人的心脏每天压出来流过全身的血液，足够装满一节运油火车车厢；每天释放出的能量，足够用铲子把20吨煤垒成一个1米高的平台，心脏能完成这么大的工作量，而且要持续50年、70年甚至90年，你的心脏怎么能承受这繁重的工作呢？哈佛医院的华特·坎农博士解释道："绝大多数人认为人的心脏整天不停地跳动。事实上，在每次收缩之后。它有完全静止的一段时间。当心脏按正常速度每分钟跳70小时，它一天的工作时间只有9小时，也就是说它实际休息了15小时。"

第二次世界大战期间，丘吉尔已六十多岁了，却能每天工作16小时，他的秘诀在哪里？他每天早晨在床上工作到11点，看报告、口授命令、打电话，甚至在床上召开会议。午饭之后他还要睡一小时，晚上8点的晚餐以前，还要在床上睡两小时。他并不是要消除疲劳，因为他根本不用去消除，他事先就防止了。因为他经常休息，所以能很有精神地一直工作到半夜以后。

约翰·洛克菲勒也创造了两项惊人的纪录：当时他是世界上赚钱最多的人，而寿命也达到了惊人的98岁，他是怎样同时做到这两点的呢？主要原因当然是遗传，他家族的人都很长寿；另一个原因就是，他每天中午在办公室睡半小时午觉，这时，哪怕是美国总统打来的电话，他也不接。在《为什么会疲劳》一书中，丹尼尔·霍奇林写道："休息并不是绝对什么都不做，休息就是修补。"

只要休息一点点时间，就能有很强的恢复能力，即使只打五分钟的瞌睡，也有助于防止疲劳。

棒球名将康里·马克告诉我，每次参赛之前，如果不睡个午觉的话，他到第五局就会感到筋疲力尽了。可是，如果他睡一会儿午觉的话，哪怕只睡五分钟，也能够精神饱满地赛完全场。

我拜访过伊莲娜·罗斯福，询问她在白宫做第一夫人的那12年里，是如何应付那么多繁琐事务的。她对我说，每次接见一大群人，或是要发表一次演说之前，她通常都坐在一把椅子上或者是一张沙发上，闭起眼睛休息20分钟。

我最近在麦迪逊广场花园金·奥维的休息室里，访问了这位参加世界骑术大赛的骑术名将。我发现，他在休息室里放了一张折叠床，金·奥维说："每天下午我都要在那里躺一躺，我通常会在两场表演之间睡一个小时。当我在好莱坞拍电影的时候，我常常靠坐在一张很大的软席椅上，每天睡两次午觉，每次睡十分钟，这样可以使我精力充沛。"

爱迪生认为，他无穷的精力和耐力。都来自于他能随时入睡的习惯。"现代教育之父"霍瑞思·曼，当他担任安蒂奥克大学校长的时候，年纪大了，索性常常躺在一张长沙发上和学生进行谈话。在汽车大王亨利·福特80岁大寿时，我去访问过他。我实在猜不透他为什么看起来那样精神焕发，我问他长寿的秘诀是什么，他说：**"能坐下的时候，我绝不站着；能躺下的时候，我绝不坐着。"**

我曾建议好莱坞的著名电影导演扎纳克试一试这个方法。后来，他告诉我，这类方法可以产生奇迹。几年前，他来看我的时候，还是米高梅公司短片部的经理，常常感到筋疲力尽。他什么方法都试过了，喝矿泉水、吃维生素和补药，但一点用也没有。

我建议他每天去“度度假”，就是当他在办公室里和部下开会的时候，躺下来放松自己。

两年之后，我再见到他的时候，他说：“奇迹出现了。以前，每次我和部下谈论短片问题的时候，我总是坐在椅子里，非常紧张。现在每次开会的时候，我躺在办公室的沙发上。我现在觉得比我20年以前都好，每天能多工作两个小时，却很少感到累。”

你如何使用这些方法呢？如果你是一位办公室白领，你就不可能像爱迪生那样每天在办公室里睡个午觉；如果你是一个会计，你也不可能躺在长沙发上和你的上司讨论账目问题。可是，如果你住在一个小城市里，每天回家吃午饭的话，饭后你就可以睡十分钟的午觉——这正是马歇尔将军的做法，在第二次世界大战期间，他非常忙碌，所以中午必须休息一小会儿。

如果你没有办法在中午睡个觉，那么，至少要在吃晚饭之前躺下来休息一个小时，这比在吃饭前喝一杯葡萄酒要便宜得多了，细算起账来，比喝一杯酒还要有效5467倍。如果你能在下午五六点钟，或者七点钟左右，睡上一个小时。那么，你就可以在你的生活中每天增加一小时的清醒时间。为什么呢？因为晚饭前睡的那一小时，加上夜里所睡的六个小时，一共是七个小时，这样比连续睡八个小时的效果更好。

从事体力劳动的人多休息，也会多做不少工作。弗雷德里克·泰勒在贝德汉钢铁公司担任科学管理工程师时，曾经观察过，工人每人每天可以往货车上装大约12吨半的生铁，而他们一般在中午就已经筋疲力尽了。他对所有产生疲劳的因素，做了一次科学性的研究，认为这些工人不应该每天只装12吨半的生铁，而应该每天装47吨，他们应该可以做到目前成绩的四倍，而且不会那么累。

于是，他从搬运工里选了一位施密特先生，让他按规定时间来工作，由专人拿着表来指挥他："现在搬起一块生铁，走……现在坐下休息……现在走……现在休息。"

结果其他人每天只能搬12吨半，而施密特却能搬47吨。这个实验已经持续了三年的时间，他的工作能力从未减弱过，现在，每小时他大约工作26分钟，而休息时间却有34分钟。他休息的时间要比工作时间多，可是他的工作成绩却差不多是别人的四倍!

合理的休息很重要，在疲劳之前先休息，在忙碌的工作中抓紧任何时间眯一小会儿，这样就能使你每天的清醒时间多一小时。

成功的意思是，将适合我们性格、心理和能力的工作做到最好。

*

在人生的道路上能谦让三分，即能天宽地阔，消除一切困难，解除一切纠葛。

*

坚持一个基本的做人原则：任何事情都保证百分之百的诚信。

*

我们必须不断追求新的目标，一旦实现一个愿望，立即树立另一个新的，这才是真正的成功生活。

*

我们可以获得成功。即使没有获得成功，只要抱着化负为正的愿望，也会使我们向前看而不是向后看。